How-nual　Shuwasystem Industry Trend Guide Book

図解入門
業界研究

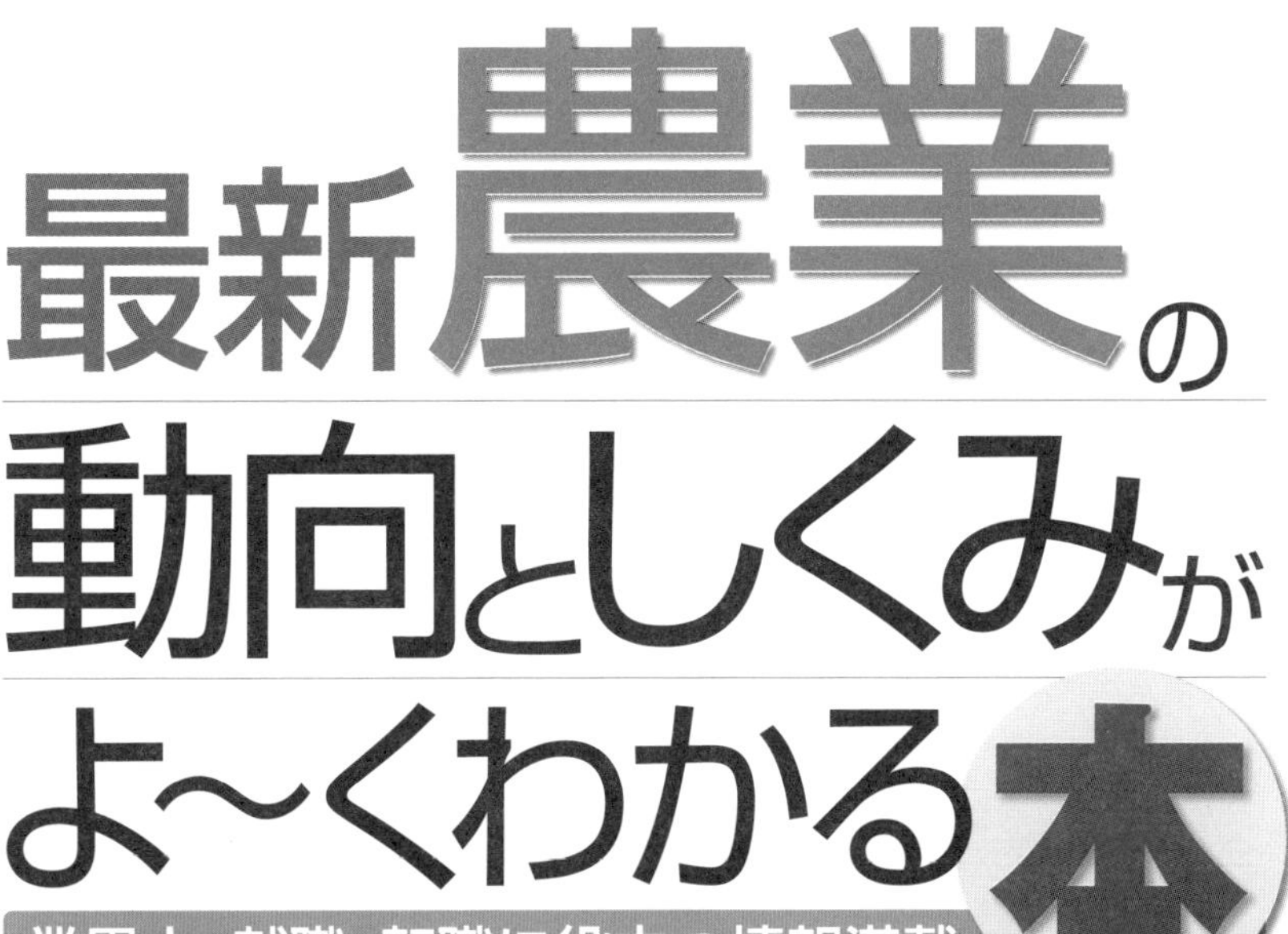

最新農業の動向としくみがよ〜くわかる本

業界人、就職、転職に役立つ情報満載

［第2版］

中村 恵二 著

秀和システム

はじめに

穀物輸出国ウクライナへのロシアによる侵攻から始まった戦争の拡大により、世界的な食糧不足と原油・天然ガスその他の高騰、世界的なインフレなどがあり、世界経済の混乱が続いています。

また、国内にあっては長引くコロナ禍の影響、少子高齢化などの進展による人手不足などが深刻化しています。その解決策として、国内産業は総じてDX（デジタルトランスフォーメーション）化などに活路を見いだそうとしています。

これまでDXには縁遠い存在だと思われていた農業においても、就労者の高齢化や人手不足が深刻な問題となり、さらには地球温暖化による異常気象と大規模な自然災害などから、日本の農業は岐路に差しかかっているともいわれています。


日本の農業を支えてきた家族経営型の農業は、その基幹的農業従事者が高齢化し、これからの持続的な発展を阻む多くの困難を生み出していますが、一方で政府は、農業を成長産業と位置付け、様々な施策が試みられています。特に農業の大規模化と組織化により、農業経営の企業化の推進に取り組んでいます。

岸田内閣では、「農業の憲法」と呼ばれ、日本のこれからの農業の方向性を指し示す「食料・農業・農村基本法」の改正へと動き出し二〇二四年六月五日より、改正法が施行されています。

この法律は、もともと高度経済成長期の一九六一年に制定された農業基本法を大きく改正したもので、当時の農業と他の二次産業、三次産業との生産性の格差を是正し、農業従事者と二次・三次産業労働者の生活水準の均衡を目的にしていました。そのため、法律では農業だけでなく食料・農村分野までを対象とするものでした。現在の農水省から出される白書が『食料・農業・農村白書』と題されているゆえんでもあります。

改正の骨子として、食料の安定供給の確保のほか、農業による多面的機能の発揮や農業の持続的な発展と、その基盤になるものとしての農村の振興を柱としていました。

現在の基本法見直しの背景にあるのは、少子高齢化により低迷するカロリーベースでの食料自給率の変化や世界的な食料事情、農業従事者の高齢化と人手不足などであり、また環境との調和や気候変動への対応なども含めて、二十余年前の改正時と比べても、検討すべき内容は多岐にわたっています。

国家戦略としての農業の成長戦略や農業に関わる規制改革、農協はじめ農業委員会などの機能の合理化や農業への中小企業信用保証制度の適用、農業生産法人の要件緩和などの法改正は引き続き行われています。

二〇二二(令和四)年一二月二七日に開催された「食料安定供給・農林水産業基盤強化本部」の第三回会合では、「食料安全保障強化政策大綱(案)」が決定され、「食料・農業・農村基本法」見直しの議論が本格化しますが、大綱の第1章では「基本的な考え方」として次のように記載しています。

「新しい資本主義の下、食料安全保障の強化、スマート農林水産業等による成長産業化、農林水産物・食品の輸出促進、農林水産業のグリーン化を推進する」

さらに、続く第2章として「食料・農業・農村基本法の検証・見直しに向けた検討との関係」に触れ、第3章以降で「食料安全保障の強化のための重点対策」および「新しい資本主義の下での農林水産政策の新たな展開に向けた主要施策」について述べています。

冒頭でも触れたように、ロシアによる農業国ウクライナへの侵攻や、いまだ終息の目途が立たないコロナ禍などにより、世界的な食料情勢の変化に伴う食料安全保障上のリスクは高まり、地球環境問題への対応など、我が国の農業を取り巻く情勢は、たとえ食料安全保障強化政策大綱の策定時期であっても、想定されない情勢の変化が起きることを覚悟しなければなりません。

いま、日本の農業は、農業産出額と農業所得の拡大はもとより、雇用の増加や担い手の育成、グローバルスタンダードな生産性への引き上げなど、持続的発展を可能とするための変革の時代を迎えています。

また、食品産業における進化は、トレーサビリティの関係などから、農業に対しても変革を要求してきています。

本書では、そのような農業の最新動向と経営の仕組みや農業の歴史、現状、今後の展望や取り組むべき課題など、日本の農業の全体像が見渡せるように、多角的な解説を心がけました。すでに新しい農業経営の実践で活躍している人をはじめ、日本農業の担い手を目指そうとしている人たち、あるいは農業への転職を希望する方々にも満足していただける内容となっています。

時代に合った新たな付加価値を見いだし創造することで、農業が国家の成長戦略の一つとして再構築されることを期待しています。

中村恵二

最新農業の動向としくみがよ～くわかる本［第2版］●目次

第5章 主要作物の動向

第6章 農機具と農業用資材の市場

第10章 農村コミュニティの将来

現代農業を俯瞰する

コロナ禍やロシアのウクライナ侵攻で揺らぐ世界の農業情勢、地球温暖化に伴う農産物の不作による食糧不足など、世界の農業の激動が続く中、国内農業においても食糧安全保障を抜本的に強化するべく、食料の国産化推進に向けて中長期的にも大規模な財政措置を実行しようとしています。

本章では、激動が続く世界情勢、少子高齢化に伴う農業現場での人手不足など、現代日本農業を取り巻く環境の変化と、農家が抱える課題などを俯瞰（ふかん）しながら、持続的発展を目指す今後の農業のあり方について解説していきます。

1 ロシアによるウクライナ侵攻の影響

二〇二二年二月のロシアによるウクライナ侵攻から本書執筆時点で一年が経過し、世界の農産物市場に大きな影響を与えています。ロシアとウクライナは共に、世界の穀物市場において大きなシェアを占める主要輸出国で、世界の需給と価格動向に大きな影響を及ぼしました。

●小麦、トウモロコシ市場の影響

世界の穀物等市場におけるロシアとウクライナは、小麦、トウモロコシ、大麦の三品目が生産・輸出の中心となっているほか、油糧作物としてヒマワリが生産され、ヒマワリ油に加工して輸出されています。このうち小麦の輸出量では、侵攻が始まった二〇二二年度にはロシアが世界一位のシェアを占め、ウクライナが同六位。同年度の世界の総輸出量に占めるシェアでは、ロシアが二〇％、ウクライナが六％で、合計二六％となっています。また、トウモロコシの輸出量の世界順位ではウクライナが第八位、ロシアが第二一位。シェアはウクライナ二一・三％、ロシアが一・二％で合計二二・五％になっています。

●大麦、ヒマワリ油

ビールやウイスキー、味噌や焼酎の原料、牛・豚・羊・鶏などの飼料として使われる大麦の輸出量では、ロシアが第三位、ウクライナが第六位で、シェアではロシアが約二〇％、ウクライナが約六％、合計二六％と、小麦と同率を占めています。ヒマワリ油の輸出量では、ウクライナが世界第一位でシェアも五〇％を占め、ロシアが第二位でシェア二七％、合計は七六％と圧倒的なシェアになっています。

侵攻を受けたウクライナからの小麦やトウモロコシ、植物油などの供給に大きな影響があり、需給が逼迫し、物価への影響も大きくなっています。

【世界のトウモロコシ生産量】　世界のとうもろこしの生産は（2018-20年度平均）、米国が世界生産量の32%のシェアを占めてトップを維持し、次いで中国、ブラジル、アルゼンチンと続いている。

●世界の農産物価格への影響

国連食糧農業機関（FAO）＊は毎月の世界食料価格動向を公表していますが、二〇二二年三月に発表された統計では、ロシアの侵攻に伴う不安定な国際社会情勢から食料価格指標が史上最高値を記録したと報告しています。

二〇二二年三月は、前月と比較して七・九ポイント（率にして一二・六％）上昇し、平均で一五九・三ポイントをつけ、一九九〇年から三二年ぶりに最高値を更新しています。この高騰ぶりは、植物油と穀物、肉の価格指標が最高値を記録したことが反映された結果だとされています。

ウクライナは世界有数の農業大国で、侵略により輸出量が減少したことで、中東やアフリカでは飢餓に直面する人が増えています。トルコと国連の仲介により、ひとまずウクライナ、ロシア両国はウクライナ三港からの海上輸送ルートを開くことで合意したものの、ロシアと西側諸国との間では経済制裁という不安定要素も抱えています。

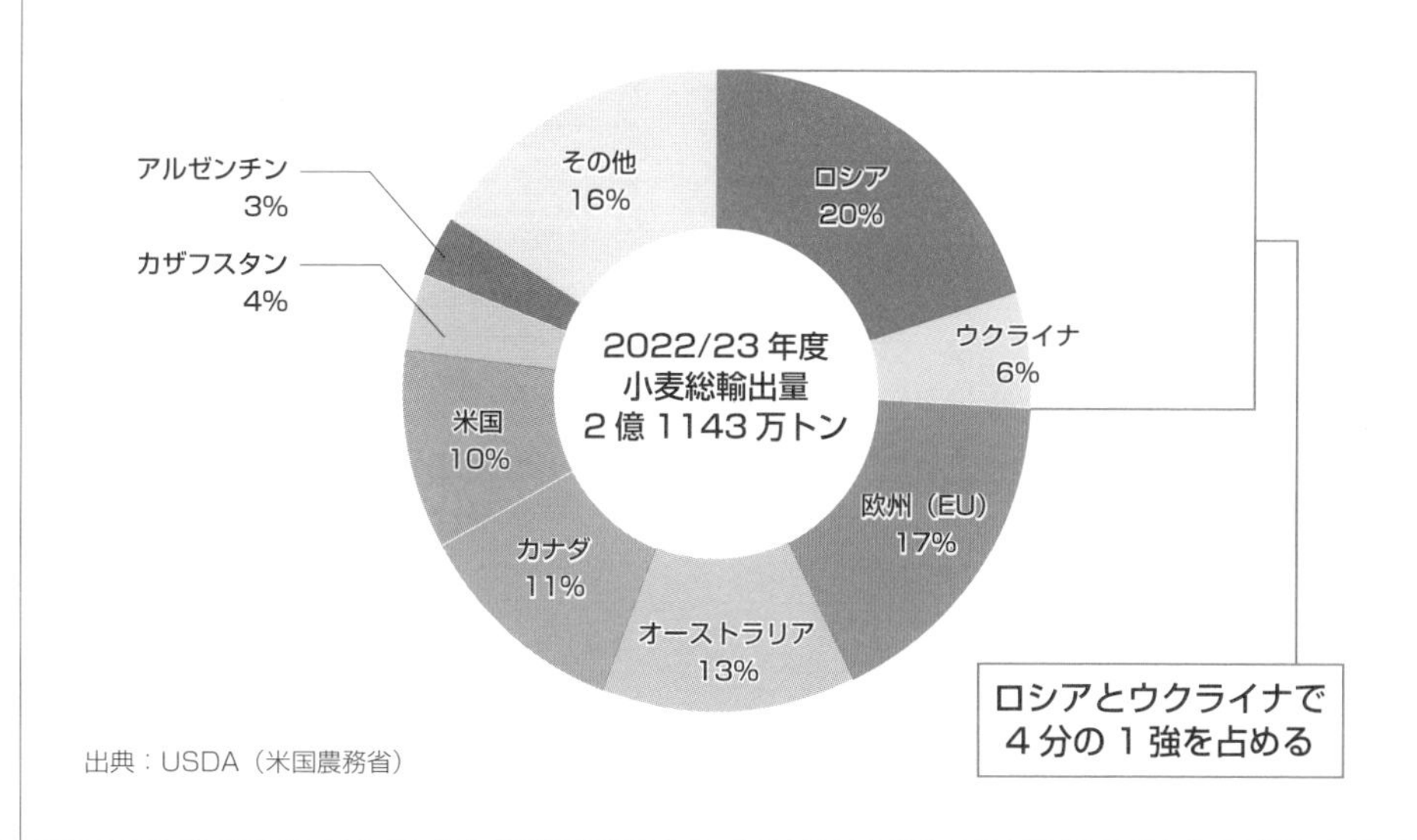

出典：USDA（米国農務省）

＊**国連食糧農業機関（FAO）**　国連システムの中にあって、食料の安全保障と市民の栄養、農業問題解決、農村開発等を進める先導機関。毎年10月16日の「世界食糧デー」は、1945年にFAOの創設が決まった日を記念して設けられたもの。現在194の加盟国で構成されている。

2

コロナ禍の長期化と農家経営

二〇二二年一二月時点でも、新型コロナウイルス感染拡大は第八波にも及び、農業の生産現場における影響はもとより、学校給食への食材供給や外食産業との取引などにおいても多大な影響を受けています。

●外食産業の営業自粛

コロナ禍では、大規模なイベントも中止や規模縮小を余儀なくされ、さらには外国からの入国規制などによる**インバウンド***（訪日旅行客）需要の激減など、観光産業をはじめ外食産業や冠婚葬祭の規模縮小による花き（5－6節参照）農家での需要減少など、あらゆる需要の冷え込みが広範囲に及び、地域経済を不況のどん底に追い込みました。

とりわけ野菜への影響は深刻でした。キャベツは、業務用需要の落ち込みで平年の六割前後の価格が続き、時には一箱二〇〇円近くまで下がり、収穫を諦める農家も出てきました。

●学校給食での混乱

第一波となった二〇二〇年二月の感染拡大では、当時の内閣による突然の「全校一律休校宣言」により、学校現場だけでなく、学校給食に食材を提供している農家にも多大な混乱が生じました。

学校からの突然の食材キャンセルにより、野菜など計画的に栽培されていた作物は転売もできずに被害額は大きなものになりました。さらに、豆腐や精肉、魚介類などにも影響が及び、地域経済への影響も多大なものになりました。政府ではその後、学校給食の停止に伴う農家などへの補償のため、「**学校臨時休業対策費補助金**」*や「新型コロナウイルス感染症対応地方創生臨時交付金」などを創設しています。

＊**学校臨時休業対策費補助金**　2020（令和2）年3月、全国一斉に学校が臨時休業となり、給食費の返還や学校給食食材費のキャンセル料の支払いについて、国の学校臨時休業対策費補助金の制度を活用し、自治体が保護者への返還や食材納入業者への支払いを行っている。

前記した冠婚葬祭の需要減では、特に電照菊など切り花にする菊の産地での影響が拡大しています。さらに、原油高により温室の温度維持のための燃料コストも重くなっています。さらにハウス園芸では、「いちご狩り」などの観光農園での入園客も激減しています。

●畜産への影響

畜産への影響も深刻です。コロナ禍前は消費増税による景気の後退に加え、TPP（環太平洋連携協定）や日米貿易協定などの自由化で輸入牛肉が急増し、価格が暴落したことなどがあり、畜産農家にとっては厳しい経営環境が続いていました。その後、海外での和牛ブームなどがあり、若干持ち直していたところへの新型コロナウイルス感染拡大で、外食の需要減の影響から牛肉の価格も近年は低価格で推移しています。

このほか、酪農では学校給食用牛乳が激減したり、働き手の不足もあり、コロナ禍で生じた社会の急激な変化は国内の酪農・畜産にも大きな影響を与えました。

畜産物の１人当たり年間消費量の推移

年	牛肉		豚肉		鶏肉	
	消費量(g)	2018年対比	消費量(g)	2018年対比	消費量(g)	2018年対比
2018	2,259	―	7,232	―	5,668	―
2019	2,211	97.9%	7,139	98.7%	5,703	100.6%
2020	2,438	107.9%	7,781	107.6%	6,359	112.2%
2021	2,302	101.9%	7,695	106.4%	6,245	110.2%

資料：総務省
注：全国の２人以上世帯

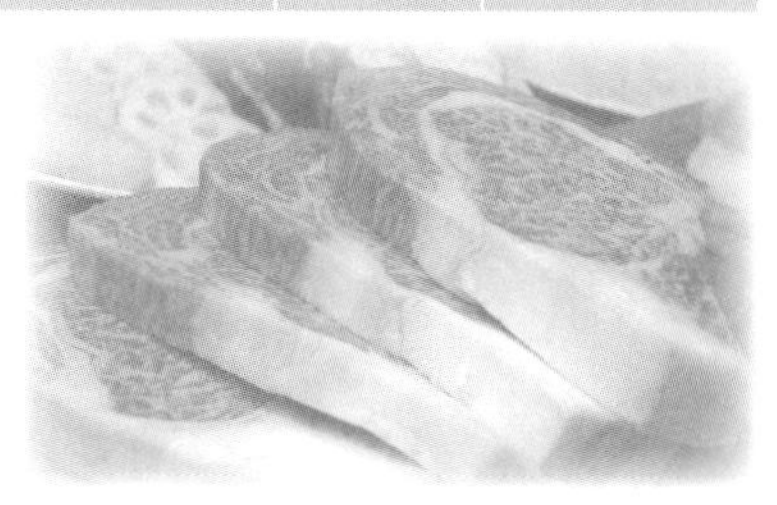

＊**インバウンド**　観光・旅行業界の用語で、「訪日外国人旅行者」と訳され、コロナ禍前は年間約３千万人を数えていた。

3 農業総産出額と生産農業所得の動向

農水省の統計によれば、二〇二〇年の全国の農業総産出額は、米において主食用米の需要減少に見合った作付面積の削減が進まず、肉用牛もコロナ禍の影響で需要減退したことなどから価格が低下した一方、野菜や豚の価格が天候不順や巣ごもり需要で上昇したことなどで、前年比〇・五%増でした。

●農業総産出額の増加

二〇二〇年の農業総産出額は八兆九三七〇億円で、前年に比べ四三二億円増加（前年比〇・五%増）でした。米や肉用牛はコロナ禍により価格が低下しましたが、野菜や豚は天候不順や巣ごもり需要により価格が上昇したことから総産出額では増加しています。

農業総産出額は、米の消費の減退による産出額の減少等を主たる要因として、二〇一四年まで長期的に減少してきました。しかし、一五年から二年連続で増加に転じています。コロナ禍前までは米の超過作付が解消され、**ブランド米***を中心に主食用米の価格が上昇していました。

野菜・果樹も同様に品質のよい国産志向の高まりなどによる需要が堅調に推移したことが要因として考えられてきました。

●生産農業所得も増加

二〇二〇年の生産農業所得も、農業総産出額が増加したことにより、前年に比べ二一八億円増加し、三兆三四三三億円（同〇・七%増）で、共に二年連続で増加しています。

生産農業所得は、農業総産出額から物的経費（減価償却費および間接税を含む）を控除し、経常補助金等を加算した額で算出されます。なお、物的経費は、農業経営費から雇用労賃等を控除したものです。

＊**ブランド米**　銘柄米。新潟魚沼産コシヒカリなどのように、特産地の特別な品種のうち、特に優れた品質を持つ米として、農産物検査法で指定されたもの。

●農業経営体について

農業経営体とは、経営耕地面積三〇a（アール）以上の農家、一定の農作物作付面積や家畜飼養頭数の規模（露地野菜一五aなど）に該当する農家、あるいは農家以外の農業事業体をいいます。

二〇二二（令和四）年二月一日現在の全国の農業経営体数（個人経営体＋団体経営体）は九七万五一〇〇で、前年に比べて五・四％減少し、一〇〇万を切りました。二〇一三（平成二五）年には一五一万四一〇〇経営体あったのが、九年間で五三万九〇〇〇経営体が減少したことになります。

全体数が減る中で、団体経営体は三万九五〇〇経営体から四万一〇〇経営体に増え、そのうち法人経営体は三万二二〇〇経営体で前年に比べ一・九％増加しています。団体経営体のうち法人経営体の割合は八〇％になっています。その法人経営体の内訳としては、会社法人が二万二一〇〇経営体、農事組合法人が七七〇〇経営体で、前年に比べ会社法人は三〇〇、農事組合法人は二〇〇増えています。

農業経営体数の推移

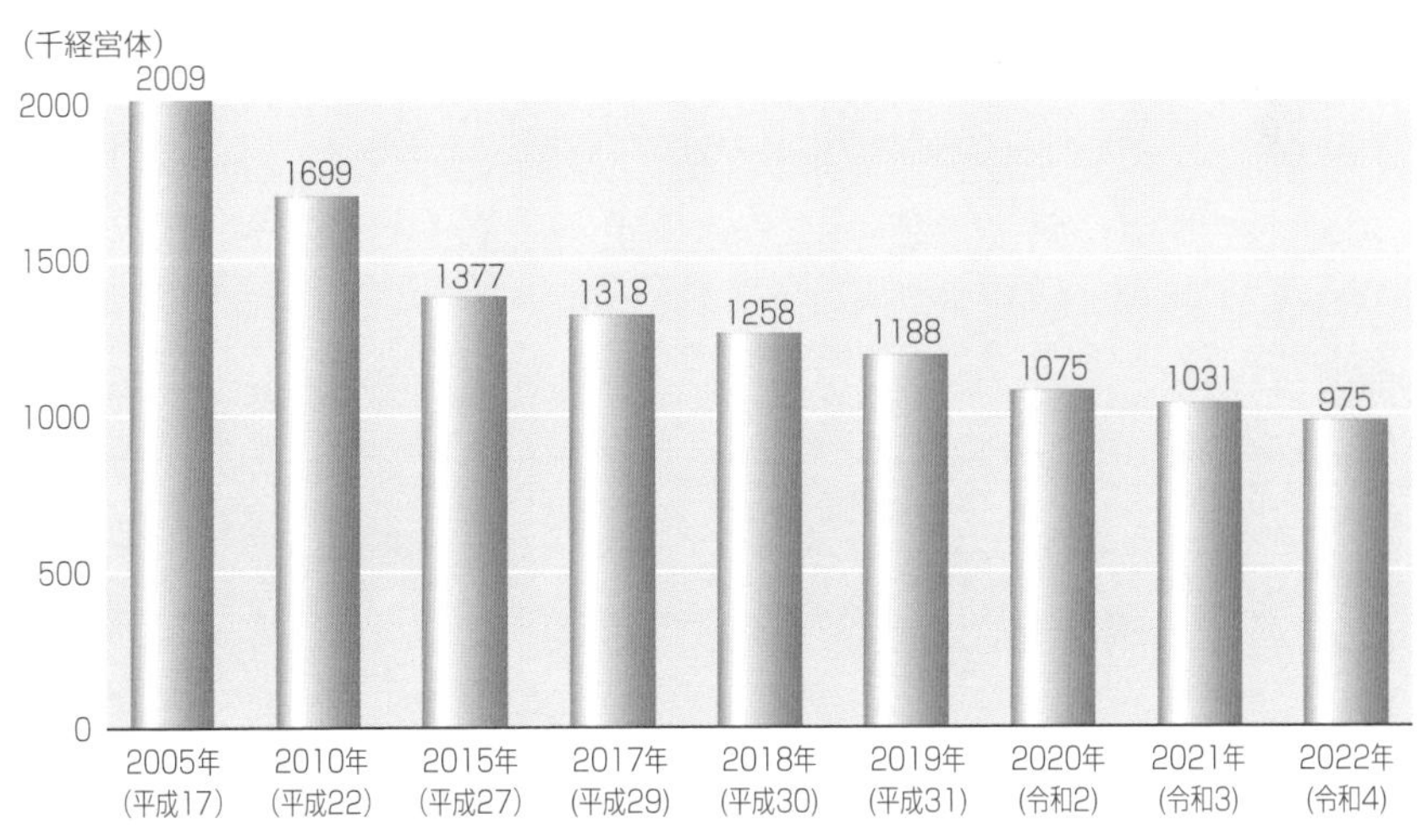

出典：農水省「農林業センサス」「農業構造動態調査」

●経営耕地面積の規模

　法人経営体が増えると共に、大規模経営も増えています。経営耕地面積規模別の経営体数を見ると、北海道では一〇〇ha（ヘクタール）以上層のみが前年比一一・八％と増え、都府県でも二〇〜三〇haで一・六％増えていますが、二〇ha以下では減少しています。

　全国ベースでは一〇ha以上が五九・七％を占めて前年より三・三％増加し、このうち三〇ha以上が四〇・八％と全体の四割を超えています。

　また、農産物販売金額規模別の農業経営体数の動向としては、五〇〇〇万〜一億円の層が一・四％増、一億円以上の層が八・三％増となった一方、三〇〇〇万円以下の層は減少しています。

　さらに、農産物販売金額一位の部門別に農業経営体数の構成割合を見ると、稲作が最も多く五三・九％、次いで果樹の一三・五％になっています。前年からの増減を見ると、稲作が減少した一方で、野菜や畜産など、その他の部門では概ね増加しています。

●主副業別農業経営体と労働力

　個人経営体では、主業経営体が二〇万四七〇〇で前年比一万七七〇〇の減、準主業経営体は一二万六〇〇〇で前年比九八〇〇の減、副業的経営体は六〇万四三〇〇で同じく二万八八〇〇の減となっています。個人経営体の減少数の約五割を副業的経営体が占める結果となりました。

　個人経営体の基幹的農業従事者（仕事が主で、主に自営農業に従事する世帯員）は一二二万五五〇〇人で、前年に比べ五・九％減少しています。

　団体経営体の役員・構成員は八万七六〇〇人で、前年に比べ六・三％増加しました。

　農業経営体の常雇い数は一五万一八〇〇人で、こちらも前年に比べ二・八％増加しています。

　なお、用語の解説になりますが、「**常雇い**」とは「年間七カ月以上の契約で、主に農業（林業）経営のために雇った人（期間を定めずに雇った人を含む）」、「**臨時雇い**」は「常雇いに該当しない一時的に雇った人」を指します。

【らくらく青色申告農業版】　山形県鶴岡市にあるシステム開発会社の株式会社セーブが取り扱っている農業者向け青色申告用ソフト。地元の農業青申会連絡協議会からの相談がきっかけとなって開発されたもので、全国の個人農家に利用されている。

●青色申告を行っている経営体

青色申告を行っている農業経営体は三七万五七〇〇経営体で、農業経営体全体に占める割合は三八・五％となっています。このうち、青色申告を行っている団体経営体は三万九五〇〇経営体で、前年に比べ四・六％増加しています。

また、データを活用した農業を行っている農業経営体は二三万六八〇〇経営体で、前年に比べ九・一％増加しています。そのうち団体経営体は二万三二〇〇経営体で、同じく一四・九％増加しています。

農業経営体に占める割合では二三・三％（前年比三・一％増）で、実施経営体のうち、データの取得・記録だけでなく分析まで行っている経営体は八・三％になっています。団体経営体（農事組合法人や株式会社など）について見ると、データを活用した農業を行っている経営体の割合は団体経営体全体の五七・九％（前年比六・八％増）を占めています。

農業経営体数（全国）

	農業経営体	個人経営体	団体経営体	
	①+②	①	②	法人経営体
2021（令和3）年	1030.9	991.4	39.5	31.6
2022（令和4）年	975.1	935.0	40.1	32.2
増減率（%）	△5.4	△5.7	1.5	1.9

団体経営体の内訳

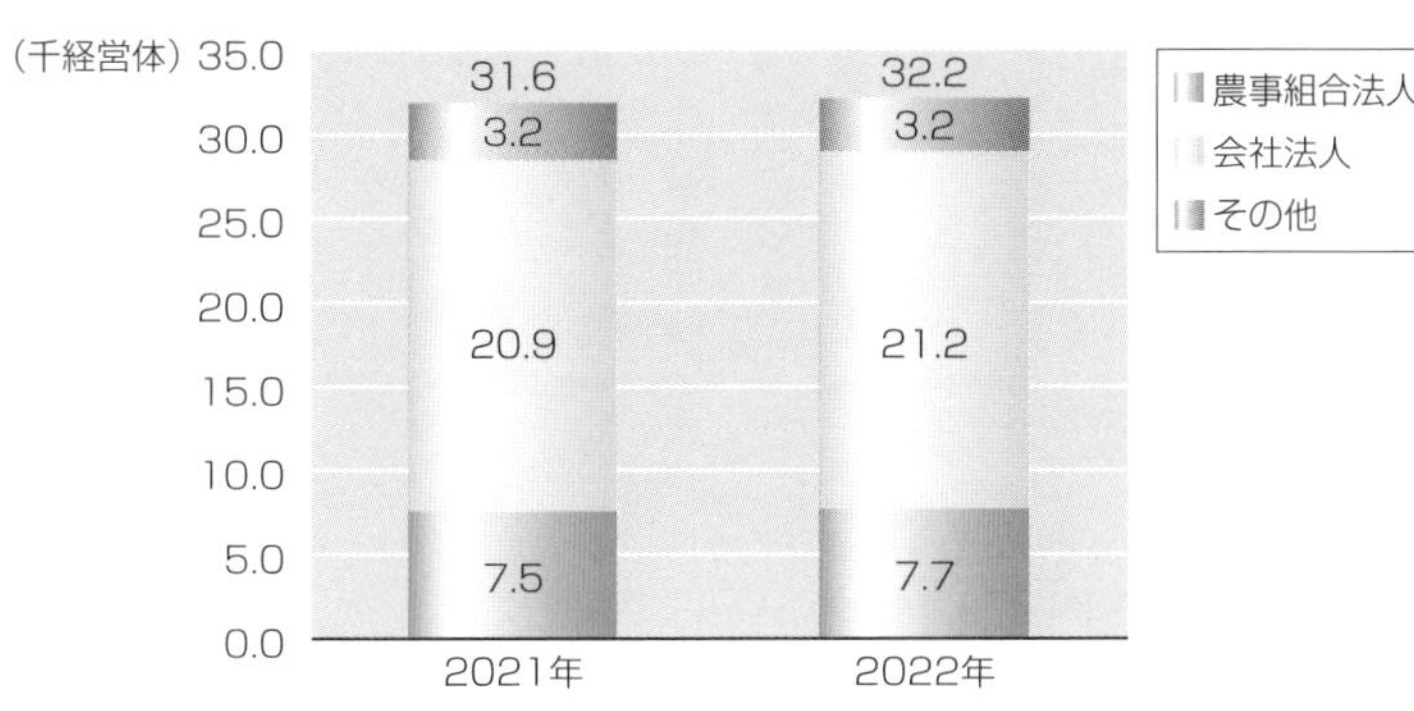

注：表示単位未満を四捨五入したため、合計値と内訳の計が一致しない場合がある。

4 新しい資本主義下での農業戦略

二〇二二年一〇月四日に発足した岸田内閣では、基本方針の中に、「人への投資」「イノベーション」「デジタル化」「GX*」、グリーントランスフォメーションの推進」などを基本コンセプトとする、「新しい資本主義」と呼ばれる経済対策を掲げています。

●農林水産業基盤強化本部への改組

安倍内閣のもとでは、総理を本部長、内閣官房長官と農林水産大臣を副本部長とし、関係閣僚が参加する「農林水産業・地域の活力創造本部」を設置し、成長産業化を目指した農業政策を展開してきました。

岸田内閣でも、基本的には農業の成長産業化を踏襲しながらも、日本の食料の安定供給・農林水産業の基盤強化を図ることにより、上記の四本柱を推進するための方策を総合的に検討するため、「食料安定供給・農林水産業基盤強化本部」に改組しました。

●持続可能な成長戦略として

「新しい資本主義」下では、人口減少や気候変動、ウクライナ情勢を含む国際情勢の変化など社会の課題を解決しながら、持続可能な成長を推進し、危機にも強い経済構造を構築することを目指すとしています。

農業政策でも、「スマート農林水産業などによる成長産業化」、「農林水産物・食品の輸出促進」、「農林水産業のグリーン化の推進」、さらにはロシアのウクライナ侵略等による食料安全保障上のリスクの高まりを受けて「食料安全保障」を柱に加え、農林水産業の持続可能な成長戦略の四本柱として強く推進する、という方針を掲げています。

*GX（グリーントランスフォーメーション）　GXとは、化石燃料ではなく太陽光発電などのクリーンエネルギーを利用して経済社会システムや産業構造を変革し、温室効果ガスの排出削減と産業競争力向上の両立を目指す概念。

●「農政の憲法」見直しへ

　さらに、これらの新しい施策を推進するため、「農政の憲法」と呼ばれ、すべての農政の根幹である**食料・農業・農村基本法**について、今日的な課題に対応する必要性からも、制定後約二〇年間で初めて総合的な検証を行い、二〇二四年六月より改正法が施行されました。もともと基本法は一九九九年にやはり自給率の向上と食料安全保障体制の確立、農業の多面的機能を推進することを目的として制定されました。

　今回の見直しの理由としては、前記したような食料安全保障の強化や一次産業の成長産業化などが挙げられています。また、法改正を見据えながらも、喫緊の課題である食料品の物価高騰への対応として、内閣の立ち上がりと共に、「グリーン化の推進と肥料の国産化・安定供給」、「小麦・大豆・飼料作物について、作付転換支援による国産化の推進」、「食品ロス削減と社会的弱者対応の強化」という三つの課題について、緊急パッケージの策定を指示しています。

食料・農業・農村基本法の理念

国民生活の安定向上および国民経済の健全な発展

食料の安全供給の確保

- 良質な食料を合理的な価格で安定供給
- 国内農業生産の増大を基本とし、適切な輸入と備蓄
- 国内の農業と食品産業の健全な発展
- 不測事態発生時の食料供給の確保

多面的機能の発揮

- 国土の保全、水源のかん養、自然環境の保全、良好な景観の形成、文化の伝承等

農業の持続的な発展

- 農地、農業用水、担い手等の確保と望ましい農業構造の確立
- 農業の自然循環機能の維持増進

農村の振興

- 農村は農業の持続的な発展の基盤
- 農業の生産条件の整備
- 生活環境の整備その他福祉の向上

5 農業基本法の変遷とこれからの焦点

新型コロナウイルス感染拡大やロシアのウクライナ侵攻といった、制定時に想定していなかった事態が発生し、また地球温暖化も深刻な事態を迎え、食料の供給不安が顕在化したことから、現在の食糧安全保障体制の転換が急務と考えられるようになってきました。

農業基本法の変遷

戦後の農政は、大きく四つの時期に分かれているといわれています。

一九四五年の終戦から農業基本法制定までは、終戦後の経済復興のもと、農業と他産業との間の生産性と従事者の生活水準の格差是正が急務とされ、六一年に**農業基本法**＊が制定されました。

その後、農業基本法のもとでの八〇年までの農政では、需要が見込まれる畜産・果樹・野菜等の生産拡大に加え、米についても農業従事者が他産業従事者並みの所得を確保できるように規模拡大の推進等が必要とされました。

国際化の進展による情勢変化

一九八〇年から九九年までは、急速な経済成長と国際化の著しい進展などにより日本の経済・社会が大きな変化を遂げる中、農政においても食料・農業・農村基本計画が策定され、「効率的かつ安定的な農業経営が農業生産の相当部分を担う」農業構造の確立を目指し、様々な施策が展開されました。

さらに、グローバル化が一層進展する中、食料・農業・農村を巡る情勢が一段と変化したことから、二〇〇五年に新たな基本計画が策定され、新たな経営所得安定対策、米政策改革推進対策、農地・水・環境保全向上対策の農政改革三対策が始まりました。

＊**農業基本法**　1961（昭和36）年施行。農業構造の改善、他産業との経済的・社会的地位の均衡化などを目的とした法律で、1999（平成11）年、食料・農業・農村基本法（通称：新農業基本法）に移行している。

●基本法の改正

このように、農業基本計画の改定は行われたものの、基本法そのものの改正は行われてきませんでした。農水省は、農政の基本方針を定めた「食料・農業・農村基本法」を二〇二四年通常国会に改正法を提出し、同年五月に可決されました。

現代の日本人の**カロリーベース**＊における食料自給率は、二〇二一年度時点で三八％と、世界の先進七カ国の中では最低水準になっています。不足している六二％を世界に依存しているのが現状です。大規模な自然災害や現在のような紛争が発生している中にあっては、安定的な食料確保を目指すには厳しい状況となっています。

現在の基本法見直しの焦点は、洋風化した日本の食卓に欠かせない大豆と麦の自給率向上にあるとされ、米中心から大豆、麦へと移ってきています。

大豆の自給率は現在七％、小麦が一七％と、主要な食料としては低い水準にあることから、検討が行われています。

食料安全保障強化政策大綱のポイント

●**輸入依存の脱却に向けた構造転換策**
・堆肥・下水汚泥の肥料利用拡大、広域流通
・肥料原料の備蓄
・耕畜連携による国産飼料の利用拡大
・水田の畑地化による麦・大豆の本作化
・米粉の利用拡大

●**生産資材高騰の影響緩和策**
・肥料・配合飼料・燃料の高騰対策
・適正な価格形成と国民理解の醸成

●**関連予算の確保**
・毎年の予算編成の過程で「責任を持って確保」

●**食料・農業・農村基本法**
・改正法が2024年6月5日より施行された
・基本法の検証結果を踏まえ、大綱の施策を見直し

出典：農水省の資料をもとに作成

＊**カロリーベース**　正しくは「カロリーベース総合食料自給率」として表される指標。基礎的な栄養価であるエネルギー（カロリー）に着目し、国民に供給される熱量（総供給熱量）に対する国内食料生産の割合を示している。

みどりの食料システム戦略

「みどりの食料システム戦略」は、「食料・農林水産業の生産力向上と持続性の両立をイノベーションで実現させるため、中長期的な観点から戦略的に取り組む政策方針」であり、三〇年後の農業の方向性を見据えた戦略として、農水省が二〇二一年五月に策定し、スタートさせたものです。

●不透明感漂う食と農の未来

日本の農業はコロナ禍前から、生産者の減少と高齢化などにより、未来を見通せない状況が続いていました。そうした中でコロナ禍により食のサプライチェーンの混乱や〝巣ごもり〟する人の増加などが発生し、内食の拡大と外食産業への影響など生活様式の変化から、食と農の未来にも不透明感が漂っていました。また、地球温暖化が原因とみられる大規模自然災害の発生なども深刻さを増し、日本農業の持続可能性すら危うくなっています。

さらにはロシアによるウクライナ侵攻に伴う地球規模での食料危機もあり、食と農の未来はますます不透明感が増しています。

●農業イノベーション

近年はSDGsなど環境面での対応も問われる中、米国農務省は「**農業イノベーションアジェンダ**」*を策定し、二〇五〇年までの長期のスタンスで農業のイノベーションを図ろうとしています。

そういった動きはEUでも見られ、有機農業の拡大などに長期の視点で取り組もうとする動きも出てきました。

日本の「みどりの食料システム戦略」も、背景には生産者の減少と高齢化による持続的な発展への不透明感があり、このままでは農地の適切な管理や労働集約的な作業における労働力不足などが問題になるのではないか、という懸念から生まれたものです。

＊**農業イノベーションアジェンダ**　米国農務省が2020年2月に公表した政策目標であり、「2050年までに、農業生産量の40%増加とエコロジカル・フットプリント（地球環境に与える負荷）50%削減を同時に達成する」、「2030年までに、技術開発を主軸として、食品ロスと食品廃棄物を50%削減する」としている。

●二〇五〇年までのロードマップ

日本の戦略では、スマート農業の実現を目指して、新技術の社会実装による労働時間の大幅な削減や、規模拡大のメリットを活かした生産コストの低減などにも触れています。

さらに、持続的な食料システムの構築の必要性について、省力化や省人化による労働生産性の向上、災害や気候変動に強い持続的な食料システムの構築が急務である、としています。

調達、生産、加工・流通、消費までの、農と食のサプライチェーン全体の再生について、労力軽減・生産性向上、地域資源の最大活用、脱炭素化（温暖化防止）、化学農薬・化学肥料の低減、生物多様性の保全・再生を「目指す姿」としています。

二〇四〇年までに革新的な技術・生産体系を順次開発し、続く五〇年までにその社会実装の実現を図り、サプライチェーンの各段階における環境負荷の低減と労働安全性・労働生産性の大幅な向上を実現するとしています。

2050年までのロードマップ

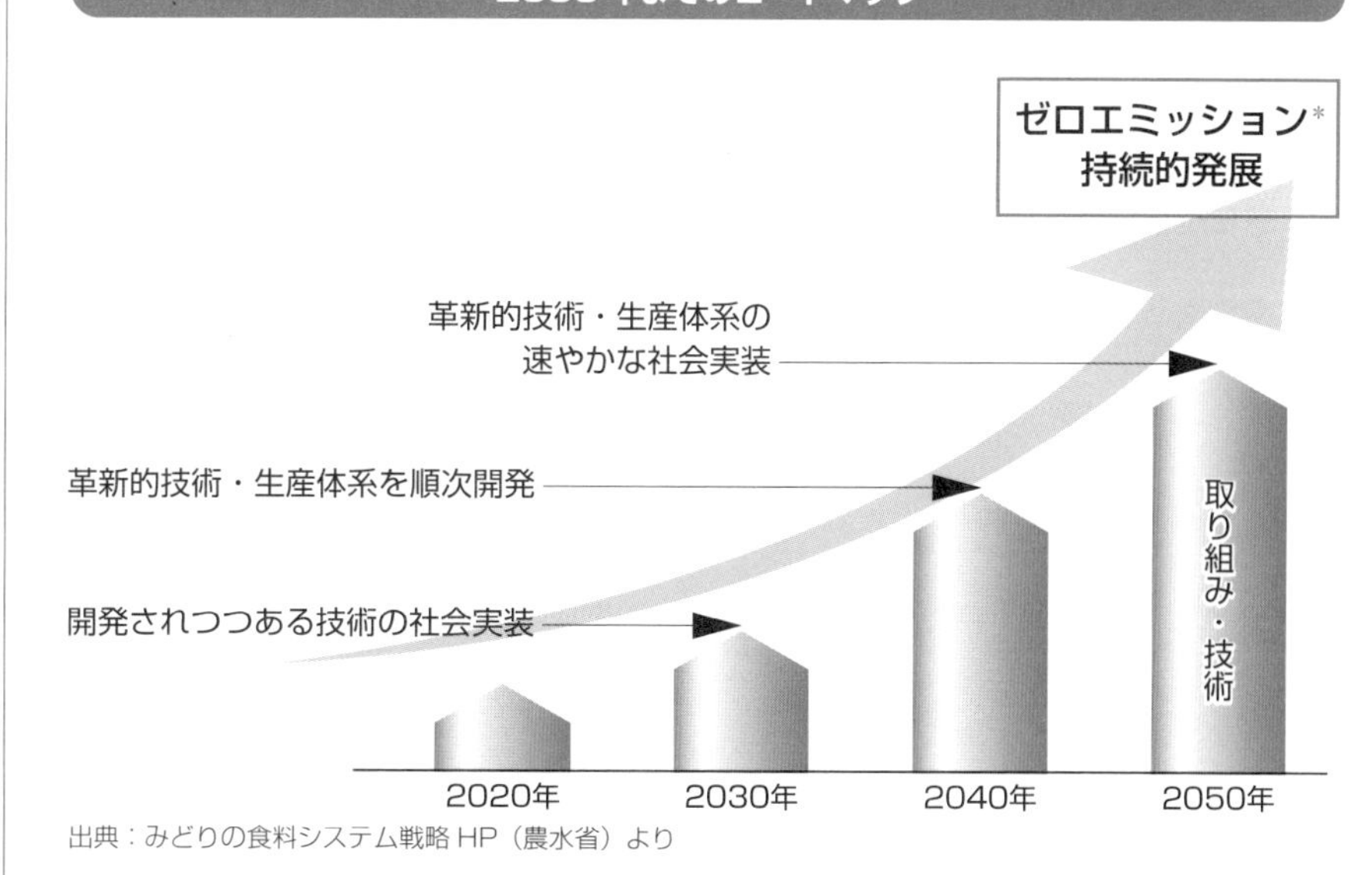

出典：みどりの食料システム戦略 HP（農水省）より

＊ゼロエミッション　1994年に国際連合大学が提唱した「廃棄物のエミッション（排出）をゼロにする」という考え方で、具体的には、「ある産業から出た廃棄物を別の産業が再利用することで、廃棄物の埋め立て処分量ゼロを目指す」というもの。

農業競争力強化プログラム

7

肥料・農薬・機械・飼料などの生産資材価格の引き下げについては、二〇一六年から始まった「農業競争力強化プログラム」の中で、国際水準への価格引き下げが目標とされ、生産資材業界の業界再編の推進、生産資材に関する法整備が行われ、現在も継続して取り組みが進められています。

●生産資材価格の引き下げ

生産資材価格の引き下げおよび農業と生産資材関連産業の国際競争力の強化を図ることを目標に、農林水産省や経済産業省をはじめ政府一体となって取り組むことにしています。その背景には、これまで肥料・農薬・飼料・機械など、すべての資材価格が米国の倍もするという指摘がありました。

肥料の約八割、農薬や機械の六割のシェアを持つJA全農および加盟する農協が、独占的な力を利用して、組合員に高い資材価格を押し付けてきたのではないか——という指摘もあり、生産資材の買い方の見直しという観点から、JA全農改革も併せて盛り込まれることになりました。

●所得向上を目指して

二〇二二年に設立五〇周年を迎えたJA全農*では、「食と農を未来につなぐ！　なくてはならないJA全農をめざして」をテーマに、自己改革に取り組むと共に、本来の全農として、またJAグループの姿勢として、生産者・組合員の所得向上のための施策を進めています。JA全農は共同購入のメリットを最大化する組織に転換することが求められ、生産資材に関するあらゆる情報に精通するために、外部から人材を登用したり、少数精鋭の組織に転換しています。さらに、機能統合や業務の効率化、人員の配置転換なども進め、「これまで購買事業を担ってきた人材を農産物販売事業の強化に充てる」方向で改革を進めています。

＊**JA全農**　全国農業協同組合連合会の略称で、単に全農ともいう。農協（農業協同組合、JA）の全国機関として、販売事業と購買事業の「経済事業」を行う組織であり、全国各地のJAと密接な関係を持つ32の都府県本部と全国本部が連携しながら事業運営をしている。

●流通・加工の構造改革

生産者に有利な流通・加工構造の確立のため、「効率的・機能的な流通・加工構造の実現」、「農業者・団体から実需者・消費者に農産物を直接販売するルートの拡大」を目指しています。さらに、卸売市場関係業者や米卸業者などの**中間流通***について「抜本的な合理化を推進し、事業者の業種転換などを支援する」こと、そして量販店などについては「適正な価格での販売を実現するため、業界再編を推進する」ことを掲げ、「国の責務として業界再編に向けた推進手法などを明記した法整備を推進する」としています。

また、前記した全農改革についても、「中間流通業者への販売中心から、実需者・消費者への直接販売中心にシフトすること」、「必要に応じて、販売ルートを確立している流通関連企業を買収したり、委託販売から買取販売へ転換すること」などを求めています。

輸出については、国ごとに商社などと連携した販売体制の構築を求めています。

農業生産資材価格指数（2015〈平成27〉年を100とする指数）

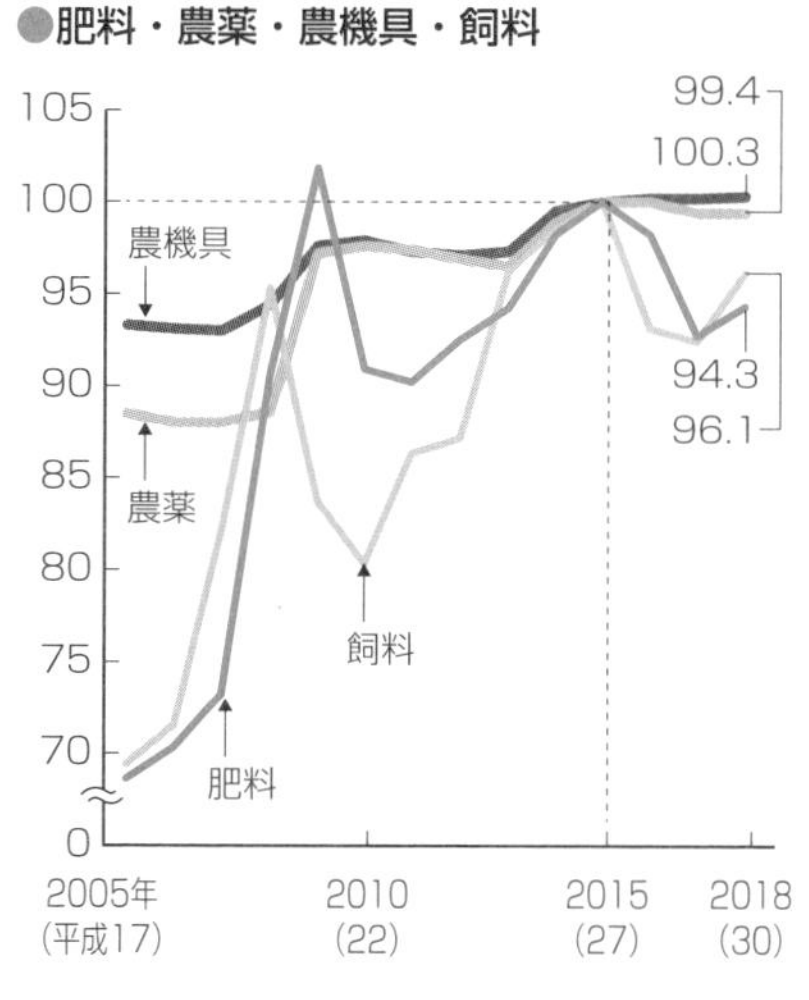

出典：農水省／農業物価統計

＊**（農業）中間流通**　農産物の流通において、生産者と消費者をつなぐ役割を果たしている事業者で、かつては卸売業者などを指していたが、近年は食品加工業者も含まれている。

戦略的輸出体制の整備

8

二〇二一年の農林水産物・食品の輸出額は一兆二三八二億円となり、初めて一兆円を突破しました。一方、政府は農林水産物・食品の輸出額のさらなる拡大を目指して、二〇二五年までに二兆円、二〇三〇年まででは五兆円に設定し、官民一体となって海外での販売力の強化を目指すことになりました。

●海外市場に活路を求めて

目標達成に向けて政府では、これまでの国内市場のみに依存する農林水産業・食品産業の構造から、成長する海外市場で稼ぐ方向に転換することが不可欠だとしています。少子高齢化と人口減少により国内市場が縮小傾向にある中で、企業としての存続を考えた場合、海外に活路を求めるのは当然であり、農業においても、輸出の拡大による持続的な発展を図ることが急務となっています。

政府の戦略では、こうした認識のもと、農林水産事業者の利益の拡大を図ると共に、輸出の拡大を実現するため、官民一体となった取り組みに着手することになったのです。

●輸出支援プラットフォームの設置

政府では、日本産農林水産物・食品の有望な輸出先国・地域において**輸出支援プラットフォーム**＊を設置し、農林水産物・食品の輸出拡大に向けた環境整備の取り組みを実施することにしています。

具体的には、ジェトロ（ＪＥＴＲＯ、日本貿易振興機構）の海外事務所が在外公館や海外駐在員と共に、輸出支援プラットフォームを設置し、主たる構成員として参画します。

輸出支援プラットフォームでは、現地展開している事業者や現地の日本食レストランなどと設ける協議会と協力して、カントリーレポートの作成や、現地主導でのプロモーションの推進などに取り組む計画です。

＊**輸出支援プラットフォーム**　上記のほかに、現地拠点を設ける事業者や、これから現地に進出する事業者への支援、日本食の普及なども実施している。

●増加しているGFPの登録者

GFP＊は、農水省が推進する日本の農林水産物・食品輸出プロジェクトです。

二〇一八年八月に「GFPコミュニティサイト」が立ち上がり、農林水産物・食品の輸出に意欲的に取り組もうとする生産者や加工・販売に携わる事業者など幅広い参加者が全国各地から集まり、コミュニティを形成しています。二〇二三年二月現在、生産者と事業者七二一〇名が登録し、一二〇〇件を超えるビジネスマッチングの機会を得ています。

GFPに登録すると、まず輸出に関する様々な情報提供が受けられるようになるほか、希望者に対し、地元の農政局・自治体やジェトロなどの輸出関係者による「訪問診断」を受けることができます。二〇二二年一二月には、全国版のGFPと連携し、北海道に密着した支援体制として「GFP北海道」が発足しています。

GFPコミュニティの概要

- 農林業業者／生産者団体・グループ／食品メーカー／輸出商社・物流企業等
- ↓ GFP宣言・サイト登録
- ↓ **GFPコミュニティ**
  - ●輸出診断・訪問診断
  - ●輸出プレイヤー・輸出商品の見える化
  - ●プレイヤー間のネットワーク形成（交流会）
  - ●共同プロジェクトの企画・実行（グローバル産地）
  - ●商談への橋渡し（商品リクエストサービス、ECサイトとの連携）
- ↑ ワンストップでの支援：農林水産省　ジェトロ
- ↑ オールジャパンでの支援：経済産業省　国税庁　自治体
- 農林水産省　ジェトロ ⇔（連携）⇔ 経済産業省　国税庁　自治体

出典：農水省／GFP公式サイト

＊GFP　Global Farmers / Fishermen / Foresters / Food Manufacturers Projectの略。

9 農業保険の拡充と農業共済

二〇一七年に農業保険法が成立し、二〇二〇年から農業の「収入保険」の制度が実施されています。すべての農産物を対象に、あらゆるリスクによる収入減少を補償するため、さらに制度の拡充が行われます。

●保険のみで九割まで補償

さらに、加入者の積立金の負担軽減を求めるニーズに応じ、保険での補償を充実する新たなタイプの保険の検討も行われます。ここまでの改正案については二〇二四年から実施の方向で検討が進められています。

また、野菜価格安定制度と同時利用できる制度については、二〇二一年から同時利用を実施している者について、同時利用の期間を一年間延長する（二〇二三年以降の収入保険新規加入者については、引き続き、二年間の同時利用が可能）という改定が実施され、**農業経営のセーフティネット**＊を強化する方向で検討が進んでいます。

●激甚災害への対応

制度拡充の具体策としては、保険制度として持続的な制度運営を図る観点から、近年増えている甚大な気象災害による影響を緩和する特例制度があります。災害が激甚化・頻発化する中で、安心して営農が継続できるよう、甚大な気象災害の被害を受けた者について、被害年の収入金額について翌年の基準収入算定の際に補正する特例を検討しています。

また、青色申告への切り替えを促進する観点から、これまでの二年間の青色申告実績を短縮し、加入申請年一年分のみの青色申告実績だけでの加入を可能とすることを検討しています。

＊**農業経営のセーフティネット**　農業経営の安定のため、様々な天候リスクをヘッジする制度として、天候の影響による農業収益の減少や支出の増大に備える金融支援制度。

●農家個人の収入に着目

現在検討中の農業保険制度拡充は野菜農家にメリットが多いといわれていますが、これからは、農業者が自由な経営判断に基づいて経営を展開できるようにするため、収入の予期せぬ減少が生じた場合には、品目の枠にとらわれず収入全体を見て総合的に対応し得るセーフティネットを引き続き整備する必要が出てきます。メリットの多い農業保険の導入と共に、災害補償など農業救済（NOSAI）事業の役割が大きく変わっていきます。

これまで農業共済が日本農業に果たしてきた役割はとても大きくて、これからも重要になってきます。とりわけ畜産農家においては、家畜共済と**家畜診療所**＊の関係のように、農業共済が果たす役割は引き続き大きなものになっています。例えば、単に保障だけではなく、家畜診療所を介した、畜産農家への技術・経営情報提供と営農指導、経営支援では、まだまだ収入保険では対応できない面も多くあり、保険と共済、それぞれのメリットを活かしていくと考えられます。

収入保険制度の仕組み

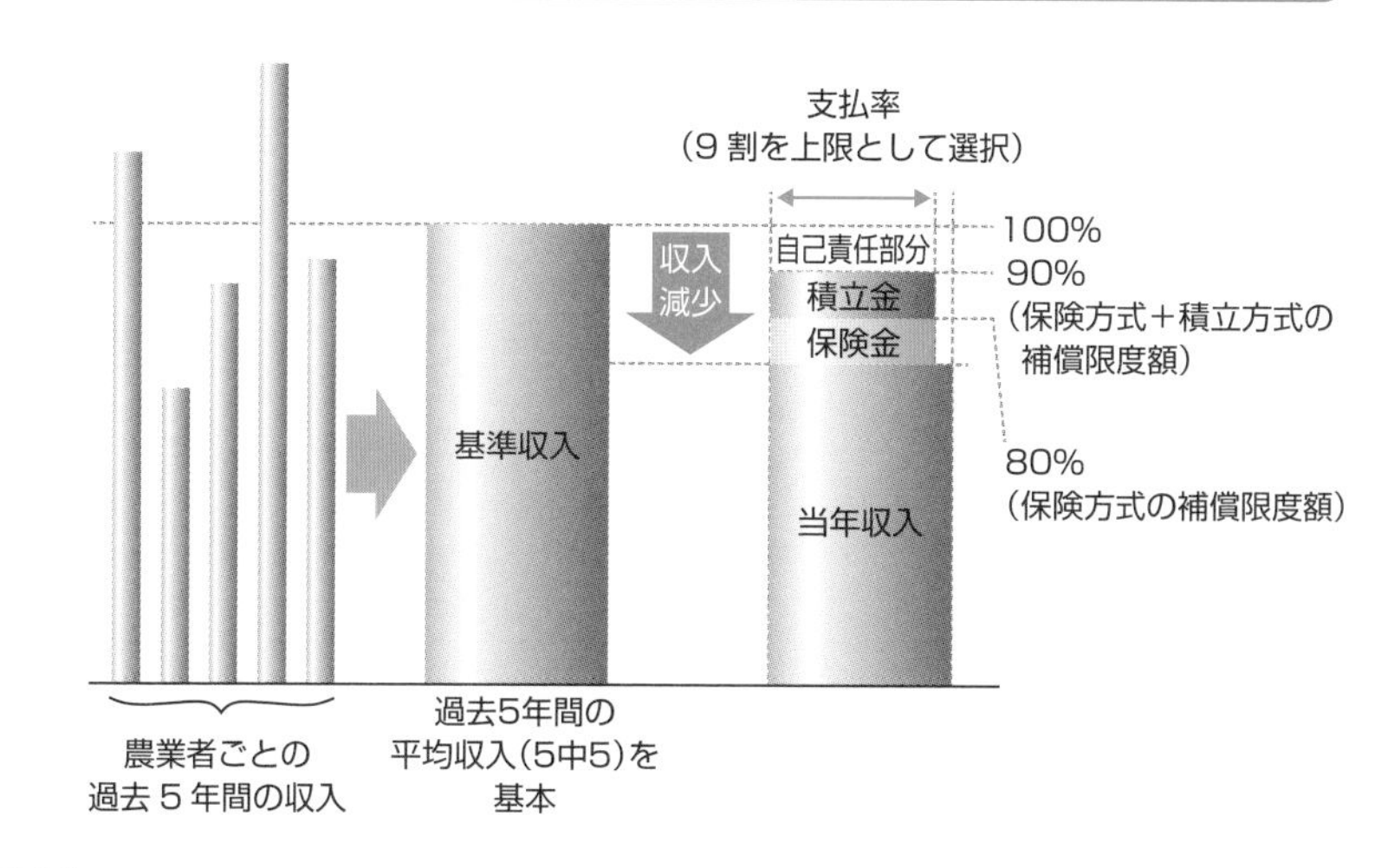

出典：農水省
※5年以上の青色申告実績がある者が、補償限度9割（保険方式＋積立方式）を選択した場合

【家畜診療所】　農業共済の家畜診療所は、44道府県で231あり、年間の家畜共済病傷事故約231万件のうち、約7割の153万件の診療を行うなど、産業動物診療の大部分を担う。1700人以上の獣医師が、診療だけでなく、損害防止や家畜衛生など多様な役割を果たし、畜産振興に貢献している。

10 土地改良制度の見直し

二〇一四年度から始まった農地中間管理機構への農地の貸し付けは増加を続けています。しかし、基盤整備が十分に行われていない農地については、担い手が借り受けないおそれがあり、農地の集積・集約化が進まなくなる可能性が出てきました。

●農地中間管理機構とは

農地中間管理機構は、高齢化や後継者不足などで耕作を続けることが難しくなった農地を借り受け、認定農業者や集落営農組織などの担い手に貸し付ける公的機関です。各都道府県に一つずつ設置され、農地の集約化や耕作放棄地の解消を目的としているのですが、いま問題となっているのは、**基盤整備**＊が十分でない農地については担い手が借り受けず、農地集積が進まなくなる心配が出てくることです。本節で述べる「土地改良制度の見直し」とは、農地中間管理機構の本来の役割に期待して、使い勝手を向上させることを狙いとしているのです。

●農地の大規模化

具体的には、土地改良法の改正によって、同機構が借り入れている農地を都道府県が整備する場合に、農業者の費用負担や同意を不要にする制度の創設ということになります。

この結果、農地中間管理機構が取り扱う農地の改良や大規模化が進みやすくなり、農業者が同機構から農地を借り受ける動きの拡大につながると共に、**農地の集積・集約化**＊が加速すると期待されます。

これまでの土地改良制度を見直し、**圃場**＊整備事業や灌漑（かんがい）排水事業、農村地域防災減災事業などを一層進めることに狙いがあります。

＊**基盤整備（事業）** 農業生産の基盤となる土地や水利条件などの整備・開発をする事業。1965年度に決定された土地改良長期計画に準拠して計画的に行われている。

これまでの土地改良事業においては、事業に参加する資格を有する者の費用負担と、三分の二以上の同意が必要でしたが、まずこれを不要にします。

また、相続などに伴い相当数の所有者（共有者）が存在するような共有地が今後とも増加する見込みですが、そのような農地について、これまで土地改良事業を実施する場合には、事業に関する同意、組織運営に関する議決権等の行使、換地計画に関する同意について、共有者全員の意思確認が必要となっており、このことから事業の円滑な実施に支障が生じていました。このため、「共有地の代表者が共有者の意向を取りまとめ、共有地に関する意思表明を行える」仕組みを導入することにより、事業をスムーズに進められるようにします。また、水田の畑地化や汎用化を推進できるよう、基盤整備を行うに当たっては、水利用調整や土地利用調整、高収益作物の導入を円滑に進めるといった観点から、地区の負担軽減などの措置を実施することにしています。

●仕組みの見直し

農地の集約化の仕組み

農地の利用調整前

A	C	A
B	D	B
C	A	B

農地流動化 →（売買・賃貸）

農地の利用調整後

A	A	B
A	A	B
C	D	B

各農家の農地が分散している。

凡例　A：規模拡大農家
　　　C：規模縮小農家
　　　D：飯米農家

A：規模拡大農家に集積

Aの団地化に資するため、B、Dは移動。

※団地：作業を連続して行える農地のまとまり

※ 3-4 節参照

＊**農地の集積・集約化**　農地の「集積」とは、農地を所有し、または借り入れることなどにより、利用する農地面積を拡大することをいう。「集約化」とは、農地の利用権を交換することなどにより、農作業を連続的に支障なく行えるようにすること。

＊**圃場**　農作物を育てる田畑のこと。「ほば」または「ほじょう」と読む。

ナラシ対策

最近の新聞報道によれば、米などの価格が下落した際、農家の減収分を一部穴埋めする国の事業、いわゆるナラシ対策の予算について、2008～21年度に組まれた計約1兆円の予算のうち約86%が未支出だったと指摘されています。

米の生産調整（減反）政策による価格維持や、類似の収入補填制度が多く設けられたことが影響したとされています。

農家の減収補填策であるナラシ対策は、正しくは「米・畑作物の収入減少影響緩和交付金」と呼ばれ、米、麦、大豆、てん菜、でんぷん原料用ばれいしょが対象です。「過去5年の収入のうち、最高と最低の2年を除いた3年分の平均収入を基準とし、減収分の9割を穴埋めする」というもので、財源は農家が25%、国が75%の割合で負担し、青色申告を前提に2015年には約11万2000の経営体が加入していました。しかし、19年度から、幅広い農作物をカバーする収入保険制度への移行が進んだこともあり、22年は約5万9800にまで減少しています。

新聞報道では、政府の08～21年度のナラシ対策の単年度予算は555億円から838億円で、合計額は1兆188億円にのぼっています。一方、支出額は1445億円で、執行率は14.2%になっています。

農家向けの経営安定策は、食糧安全保障の観点から、国内農家に生活の心配なく安心して生産活動に従事してもらえるよう、野菜や畜産物など作物ごとに多数設けられています。

国の23年度予算でも、このナラシ対策のほか、野菜価格安定対策、肉用牛肥育・肉豚経営安定交付金、畑作物の直接支払交付金、そして収入保険制度や農業共済関係事業費など、例年と変わらず多くの経営安定策が用意されています。

変わる米づくり

日本の農業経営の5割はまだ稲作単一経営によって占められていますが、農業総産出額ベースでは2割を切り17%にとどまっています。稲作に次いで野菜、果樹がそれぞれ約10%、畜産が4%となっています。

しかし、国民1人当たりの米消費量はピークの1962年から半減し、米の需要量も減少傾向で推移しています。米の年間消費量は、62年度には国民1人当たり118kgでしたが、2020年度にはその半分以下の50.7kgまで減少しました。今後、日本の人口は減少していくと共に高齢化も進むため、米の消費量もさらに減少する見込みです。

1 コロナ禍による米価の下落

コロナ禍による米の需要消失の影響も大きく、過大な流通在庫が生まれました。外食需要の大幅な減少などで米の在庫が大きく膨れ上がり（二〇二一年四月末の在庫は前年同時期より二七万トン増加）、米価暴落に歯止めがかからなくなりました。

●消費需要の低下

二〇一八年以降、米農家は自身の判断で生産量を増やせるようになったのですが、急に多くの米農家が生産量を増やすようになると、米の生産量が需要を大きく上回り、米余りの状態を招き、米の価格にも影響するため、現在は自治体や農協などの団体が中心となり、米の生産量の目安を農家に提示して、急激な増産を回避するように調整しています。ところが、1－2節で指摘したように、コロナ禍における外食需要の低下が決定打となり、「米余り」状況が加速してしまいました。そしてさらに、中高年世代の米消費の減少も顕著になってきました。

●JA全農での過剰在庫

JA全農でも過剰在庫を抱えていることから、市場価格は大暴落し、政府は三六万トンの上乗せ減反を打ち出したものの受け入れられる数量ではなく、コロナ禍によるさらなる消費減少と相まって、米価の下落が危惧されています。

このほか、米については国内需給には必要のない**ミニマムアクセス米**＊が毎年七七万トンも輸入されています。国内消費量は三〇年間で四分の三にまで減少したにもかかわらず見直しは行われず、バター・脱脂粉乳並みに、不要なミニマムアクセス米の輸入数量を調整するなど、国内産米優先の米政策に転換する措置が求められています。

＊**ミニマムアクセス米**　日本が高関税を課して輸入を制限する代わりに、最低限輸入しなければならない量の外国米。政府米として扱われる。

●米政策の転換を求める声

　コロナ禍のもとでの政府による農家支援策としては、他業種と同様に「**持続化給付金**＊」の制度が設けられています。

　コロナ禍の影響を受け、前年同月比で五〇％以下の大減収となった事業者に対して、事業の継続を下支えするために、個人で最大一〇〇万円、法人で最大二〇〇万円を支給するもので、営農継続のための支援策となっています。

　長引くコロナ禍のもと、持続化給付金の再交付を求める声は多くありますが、その一方で、コロナ禍が契機となり食料を海外に依存することの是非が問われ、食糧自給の視点からも米の問題が問われています。また、政府には、コロナ禍の需要減少による過剰在庫を政府が緊急に買い入れ、米の需給環境を改善し、米価下落に歯止めをかけることを求める声や、前述のとおり国内消費に必要のないミニマムアクセス米の輸入について、国産米の需給状況に応じた数量調整を実施する要求も出されています。

米の価格と在庫量の推移

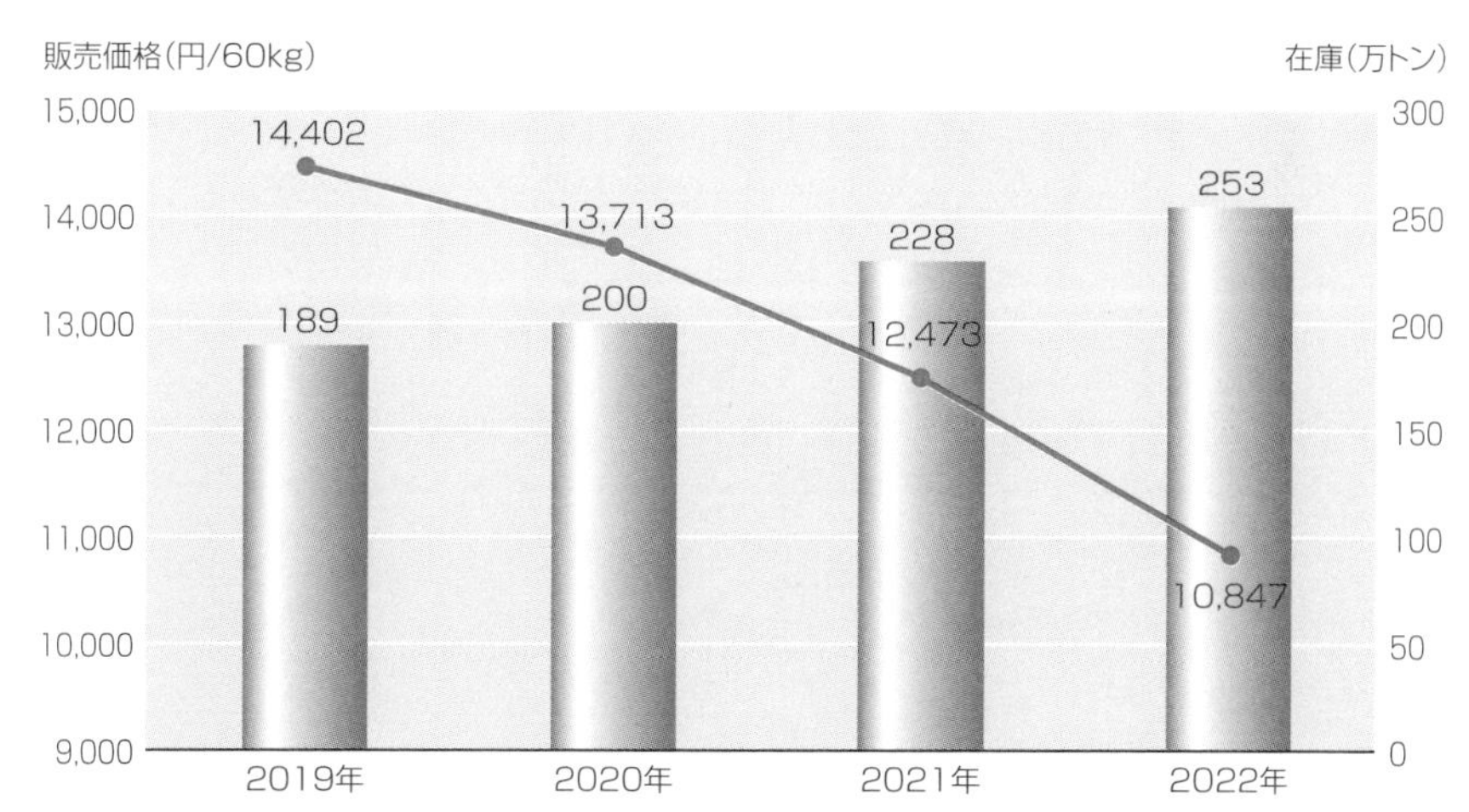

※ 2021、2022年の販売価格と在庫はJA全中の試算と推定。在庫は試算の最大値。販売価格は税抜き価格で、毎年8月末の価格。
出典：JA全中試算（2021年3月31日）から農民連作成

＊**持続化給付金**　個人農業者の場合は、「今年のいずれかの月の事業収入が、年間事業収入を12で割った額（平均月収）の50%以下」であれば対象になるとされている。

食管制度の歴史を振り返る

2

日本における米政策の始まりは、一九四二年に制定された「食糧管理法」（食管法）です。戦時下の食糧不足による社会不安を抑えるために、政府は「収穫した米をすべて買い上げて国民に配給する」という統制体制を導入したのです。

●農業基本法

食管法は戦後に入っても受け継がれ、政府は米の流通全体を掌握しながら、生産量や流通量、価格などを計画に沿って管理し、国民の主食である米の安定供給に努めてきました。その後、一九六〇年代に入り、所得倍増計画の池田内閣によって政策決定された「**農業基本法**」は、農業の規模拡大によってコストダウンを図り、農家の所得を増加させて、農業と工業の所得格差の是正を図る狙いがありました。しかし、構造改革による生産性の向上策では「農地の総面積は不変で一戸当たりの規模だけ拡大するため、農家戸数は減少する」として農協は構造改革に反対でした。

●生産者米価の引き上げ

農協は食管制度の維持を求めて、毎年のように生産者米価引き上げの運動を展開し、政権与党も支持母体の確保という意味から「農家所得の向上のためには規模拡大ではなく米価を上げるべきだ」として、一九六七年まで、需給など考えることなく、ほぼ毎年のように年率九・五％くらいの生産者米価引き上げを行ってきました。

その結果、生産は増えるものの、米の消費は減少し、一九七〇年頃から深刻な米の過剰を招くことになりました。さらに、米価の「**逆ざや＊**」が起こり、巨額の財政赤字を抱え、減反政策が導入されました。

＊**逆ざや**　政府が農家から買い取る米の価格が、販売価格より高いために、その差額を財政から補填している状態。

●自主流通米の導入

供給量を削減するため減反したものの、米価は高値で維持されたままでした。そのため、減反によって本来ならば退出が期待された零細農家も、小売業者から高い米を買うよりもまだ自分で作った方が安いことから、兼業しながら米づくりをする農家が増える結果にもなりました。専業農家に農地が集積せず、規模拡大はなかなか進みませんでした。

さらに、一九六九年には食管法が改正され、**自主流通米**＊制度も始まりました。一定量に限り自主流通を認めることで財政負担の軽減を図り、「価格の安さより、味のよい米」を求める消費者ニーズへの対応を図ることとしました。

一九八一年には、「統制を目的とする食管法は経済の合理性に欠ける」として抜本的な改正が行われました。

戦前から行われてきた米の配給制度や米穀通帳が廃止され、農家が直接米を知人に売ったり贈ったりすることも自由になりました。

自主流通米の流れ

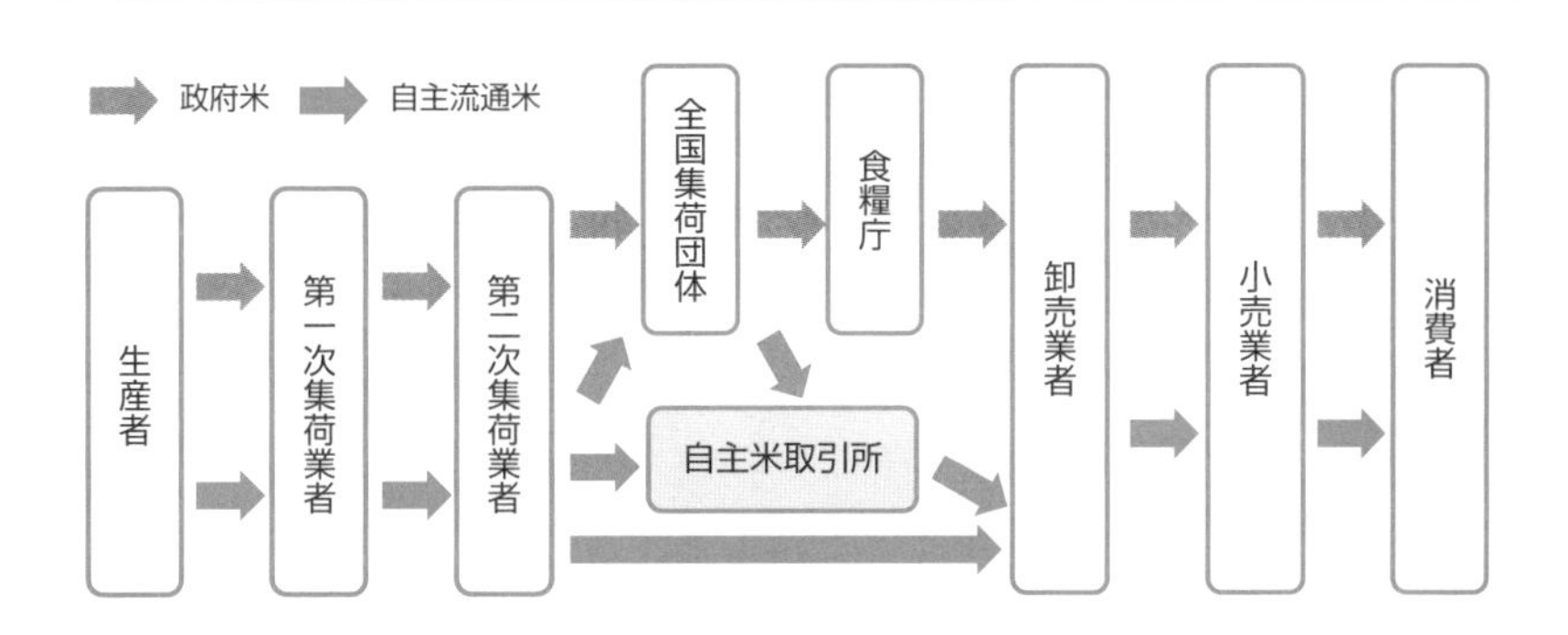

収穫された米は、農家から農協を通じて、全農などの自主流通法人という団体に売却される。次に米は、1990 年に発足した自主流通米価格形成機構（1995 年、自主流通米価格形成センターに改称）に集められ、米の品質や味、収穫高などによって、産地品種ごとに入札が行われ、ここで決まった価格で、自主流通法人は米を卸売業者に売却し、卸売業者は小売店に米を卸し、消費者に届く。

＊**自主流通米**　1969年産米から実施された制度で、米生産者が指定集荷業者に委託して米の指定卸業者などに直接売ることが認められた。価格決定には政府は直接関与せず、集荷業者の団体との間で年ごとに決められるようになった。

3

売れる米づくりへの転換

一九九三年、日本では記録的な冷夏による米不足がありました。〝平成の米騒動〟とも呼ばれ、小売店の店頭から米が消えるといった混乱が発生し、同時に普段は米を扱わない業者までもが米を販売するなどのケースも発生しました。

●米の緊急輸入

低温および長雨による日照不足のため、記録的な生育不良から深刻な米不足となり、米価も上昇を始めました。国産米の根強い人気もあって、市場では買いだめと売り惜しみが発生したため、当時の細川内閣はタイや中国、米国などから緊急輸入を行うと発表しました。当時の世界の米の貿易量は一二〇〇万トンでしたが、そのうちの二〇％に当たる米を日本が国内産並みの価格で調達したため、国際的な価格高騰を招き、日本政府は段階的に米の輸入を解禁せざるを得ず、最終的に米の貿易自由化を受け入れることになりました。

●米の最低輸入義務

日本では**GATTウルグアイラウンド**＊の最終合意により、米の部分開放を受け入れることになりました。

六年間の関税化猶予の条件として、米の最低輸入義務（**ミニマムアクセス**）を受け入れたのです。

当時の政府が米の部分開放を決断した背景には、工業製品の輸出によって経済成長を遂げた日本は自由貿易の恩恵を受けてきたはずなのに、米だけは〝聖域〟として市場を閉ざし続けていることは、国際世論に対して説得力を持たないという判断がありました。

＊**GATTウルグアイラウンド**　1986年にウルグアイで交渉開始が宣言された、GATT（関税貿易一般協定）の多角的貿易交渉のこと。

●新食糧法の制定へ

米騒動と米の輸入受け入れを契機に、日本の米に対する政策は大きく転換していきます。

食糧管理法は一九九五年に廃止され、新しく**食糧法**が制定されました。政府は非常時に備えた備蓄米の管理や、米穀の価格の安定、輸入米の管理などを担当するだけになり、農家が作る米の流通方法は計画流通米と計画外流通米の二通りになりました。

食糧法の施行により、農家は米などの作物を自由に販売できるようになりました。米を自由に流通させることで、日本国内の農家の競争力・対応力の向上を図るという狙いがありました。一方で、政府による管理は緩和されることとなりました。備蓄米については、米騒動の経験から、不作のときでも安定的に米を供給できるように、政府が農協などから米を買い付けて備蓄米として保管します。そして、一定期間が過ぎると新しい米と交換され、蓄えてあった米は販売業者に卸されて、新米よりも安い価格で一般に販売される――という仕組みです。

「ヤミ米」から「計画外流通米」へ（新食糧法）

食糧法の正式名称は「主要食糧の需給及び価格の安定に関する法律」で、「食糧需給価格安定法」とも呼ばれていました。旧食糧管理法（1942年）では米の生産・流通の実態に対処しきれなくなったことや、ウルグアイラウンド農業合意による米輸入の恒常化、食糧安全保障の中核となる米備蓄の強化、消費者の嗜好（しこう）の変化などに対応するため、食糧管理法に代わって1995年11月に制定された法律です。

政府米と自主流通米の総称が旧食管法の「政府管理米」から「計画流通米」に改められ、従来「ヤミ米」と称された「不正規流通米」は「計画外流通米」として制度の中に取り込まれました。さらに、売り渡し義務が撤廃され、生産者は集荷業者へ販売を委託する以外にも、小売店や卸業者、消費者などへ直接販売することが可能になりました。

食糧法の改正

4

一九九五年に制定された食糧法は、政府が米穀の価格安定と適正な流通を確保することを目的としていましたが、わずか九年で大きく改正され、二〇〇四年からは農家やJAが自分で判断できる範囲を広げ、売れる米づくりを目指したものになりました。

●計画／計画外の区分の廃止

前述のとおり、一九九五年制定の食糧法には計画流通米と計画外流通米の二つの流通方法が明記されていました。このうち計画流通米には政府が買い上げる政府米と自主流通米の二種類があり、自主流通米は自主流通米価格形成センターで、その年の米のでき具合や質によって値段の目安を決められていました。また、計画外流通米は農家が消費者に直接販売する米で、かつての不正規流通米（ヤミ米）です。法改正でこれらの区分がなくなり、計画外流通米もブランド米としてスーパーなどで販売できるようになりました。

●市場価格の導入と生産調整

自主流通米価格形成センターで値段が決められていた米は、有名ブランドや扱い量の多い米だけだったことから、新たに「**米穀価格形成センター**＊」を作り、産地や銘柄や売買の量などによって価格が決められることになりました。これにより、政府が価格を決める米は備蓄米などの政府米だけになりました。さらに、政府が行ってきた生産調整についても、生産者やJAが生産地ごとに生産量の目標を定めて調整を行っていくことが可能になりました。米については市場原理がより強化されたのです。

＊**米穀価格形成センター**　センターでの入札は当初、農家がJA全農の都道府県支部に販売を委託する形で入札に参加する仕組みで、JA全農は事実上唯一の売り手だったが、販売業者の規制が緩和されてセンターの利用が激減し、2011年3月に廃止となった。

●販売業者の届け出制

生産調整が産地ごとになり、売れる米を量産する一方で、消費者から支持されず競争力を持たない地域の米づくりについては、全面的に見直しが迫られることになりました。

また、これまで各地で作られた計画流通米は県単位で集められ、さらに全国組織である**全農***が管理し、自主流通米価格形成センターで付けられた値段で大手業者に流通販売を委ねられていましたが、法改正により、年間二〇トン以上扱うところであれば、だれでも「届け出」だけで米の販売が自由にできるようになりました。さらに、これまで販売のできなかった計画外流通米も販売できるようになりました。

これにより、農協の役割と地域の米づくりの戦略も大きく変わってきました。地域の農協は米の取り扱いについて、従来のような全農への取り次ぎだけではなく、販路拡大や農家の利益確保などについて農協独自の取り組みが求められるようになったのです。

米穀価格形成センター

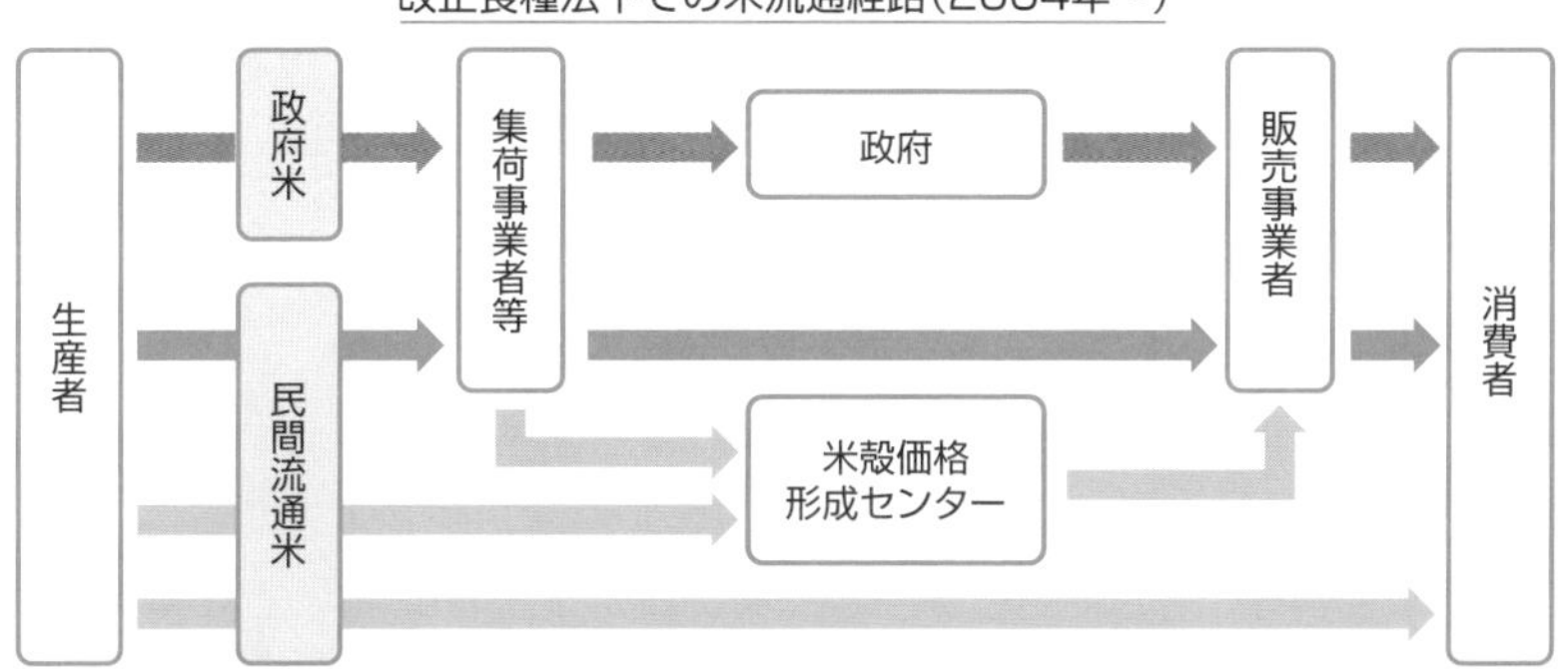

米取引に市場原理を導入するため、自主流通米の価格形成を行う場として1990年に財団法人自主流通米価格形成機構が設立され、1995年に自主流通米価格形成センターに改称。さらに、2004年の改正食糧法施行時に全国米穀取引・価格形成センターに改称の上、法令上の米穀価格形成センターとして認定された。

***全農**　正式には全国農業協同組合連合会で、1992年以後はJA全農ともいう。北海道を除く日本全国の農業協同組合、経済農業協同組合連合会、専門農協の連合会などの連合組織。1-7節の用語解説「JA全農」(p.26) も参照のこと。

減反政策の見直し

5

二〇一三年一一月、政府は「減反政策を五年後の一八年に廃止する」ことを決めました。これにより、生産量の調整で米の価格維持を図ってきた従来の米づくり政策が一八〇度転換されることになりました。

●減反協力の補助金廃止

政府がそれまで、減反への協力を条件に米農家に支払ってきた補助金は、作付面積一〇a当たり一万五〇〇〇円の定額部分と、米の販売価格が平年価格を下回った場合に差額を補う変動部分がありました。初年度の一四年度から定額補助金を半額の七五〇〇円に減額すると共に変動部分の補助金を全廃し、一八年度には定額補助金と減反自体を廃止することを決めてきました。

減反については当初、農家の自由な米づくりを妨げ農業の弱体化を招いているとの批判がありました。政府でも、農家が経営判断で需要に応じた生産ができるような環境を整える必要があるとしてきました。

●飼料用米への転作奨励

減反を廃止すると多くの農家が主食用の米を増産するようになり、価格が大幅下落するおそれが出るなど、生産現場に大きな混乱が生じかねないため、政府では、「主食用以外の米」つまり家畜向けの飼料用米あるいは米製品の原料となる米粉用米に生産転換する農家に対して、一〇a当たり八万円だった補助金を一〇万五〇〇〇円に増やすなどの対策を行うことにしました。

しかし、飼料用米の生産拡大は飼料用穀物の輸入減少につながるのではないか、という懸念も出てきました。すなわち、減反廃止は新たな貿易摩擦の火ダネになるかもしれない、という指摘です。

＊**転作奨励金**　米の生産調整のための水田での転作作物の作付けを促進・維持することを目的として、転作作物ごとに交付単価が設定され、作付面積に応じて支払われるもの。

●さらなる減反強化への懸念

米の減反政策廃止が報道されると、米の値段に微妙な変化が出てきました。本来は低下が予想されていた米価が高くなってきたのです。つまり、飼料用米にシフトしてきた結果、食用米の需給で業務用を中心に米不足が出始めてきたのです。

これまでの歴史を振り返ってみると、米余りの中で米価を維持するには供給量を削減する必要があることから、減反政策がとられたのですが、その手段として採用されたのが、米以外の農産物への転換を促す**転作奨励金**＊制度でした。

民主党政権時代に導入された戸別所得補償制度は、自民党政権に代わってから廃止が決まり、それで浮いた補助金で転作奨励金を増額することになったのですが、農家では麦や大豆などの畑作に転換するより、水田のまま耕作を続けられる飼料用米や米粉加工に向いた品種の米の方が手間がかからなくて好都合ということになりました。主食用の米を栽培したのと同様の収入が得られるようになったからです。

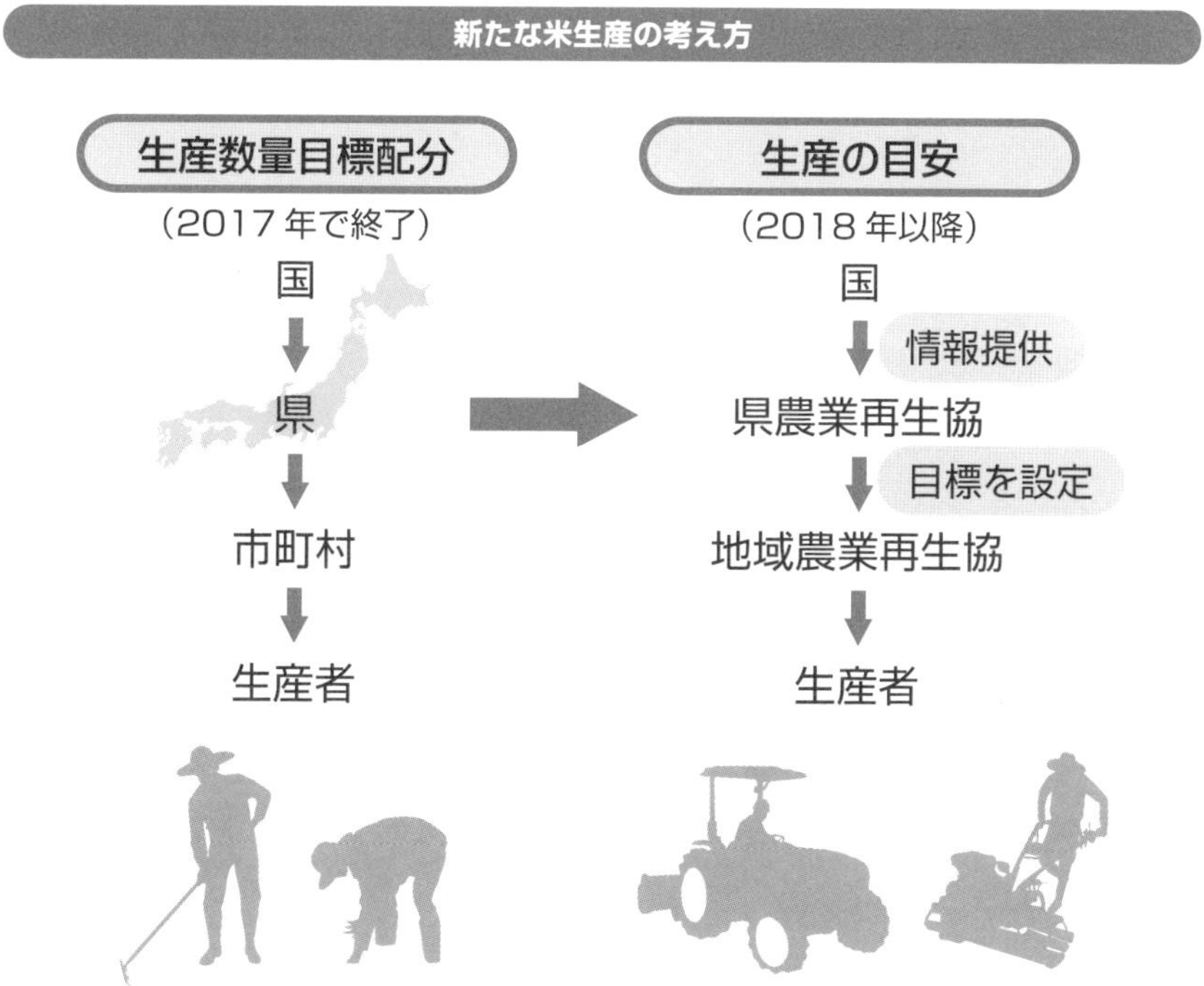

新たな米生産の考え方

生産数量目標配分（2017年で終了）		生産の目安（2018年以降）
国	→	国
↓		↓ 情報提供
県		県農業再生協
↓		↓ 目標を設定
市町村		地域農業再生協
↓		↓
生産者		生産者

6 変わる米づくり

二〇一八年産から国による生産数量目標の配分がなくなり、地域が自主的に作付けを決める仕組みとなりました。一九七〇年以降五〇年近くにわたり、米余り対策として続けられてきた国の生産調整、つまり減反政策は、大転換を迎えることになりました。

●国から都道府県の判断へ

今後も米の需要予測は示されるものの、生産における強制力はなくなり、生産者は都道府県などと一緒に、米の需給バランスの動向を見ながら、米づくりについて自ら判断することが求められるようになってきました。米の生産調整への国の関与が弱まる中で、都道府県と関係団体が一体となって需要に応じた生産に取り組むための**農業再生協議会***（再生協）の機能が重要になってきます。国では政策面でも再生協の役割を重視していますが、地域の再生協は市町村を基本にJAや農業委員会、法人、担い手農家、実需者団体などで構成されます。

●水田フル活用ビジョンの策定

一八年産以降も、需要に応じた地域の水田農業生産のため、主食用米の生産数量目安などの設定と共に、**水田フル活用ビジョン**を策定し、地域全体で取り組むよう周知する役割を担う組織となります。需給状況や市場評価を生産者に着実に伝えると共に、経営所得安定対策の普及・推進などにも取り組んでいく計画になっています。

また、農業団体は、生産者や流通業者、食品業界が需給に関する情報を共有する全国組織の設置を検討しており、国でもこの組織への国の支援策を含めた計画案を取りまとめています。

＊**農業再生協議会**　市町村単位で、各関係団体などとの連携のもと、米の需給調整や戦略作物の生産拡大、地域農業の振興を目的として設立された組織。

●減反廃止後の補助金

前記した民主党政権時代の**農業者戸別所得補償制度***について詳しく解説すると、減反への協力を条件に米農家に支払ってきた補助金で、作付面積一〇a当たり一万五〇〇〇円の定額部分と、米の販売価格が平年価格を下回った場合に差額を補う変動部分がありました。二〇一二年に自民党が政権に復帰すると、農業者戸別所得補償制度の廃止を決めました。二〇一四年から二〇一七年までは七五〇〇円に減額され、変動部分の補助金を全廃し、一八年度には定額補助金と減反自体を廃止することにしたのです。

減反については当初から「農家の自由な米づくりを妨げ、農業の弱体化を招いている」との批判がありました。政府でも、農家が経営判断で需要に応じた生産ができるような環境を整える必要があるとしていました。そのため、麦や大豆などへの転作を奨励し、さらには家畜の餌にする飼料用米への助成を拡充していっています。しかし、主食の米の生産は引き続き抑制される可能性が残ります。

生産調整（減反）制度のイメージ

2017年度まで	2018年以降
政府は、都道府県に生産数量目標を割り当て	政府は、需給見通しを公表し、生産数量配分はしない
↓	↓
生産者には、休耕田を除く田んぼ10a当たり1万5000円の補助金	補助金は廃止

＊**農業者戸別所得補償制度**　民主党が提案した日本の農業政策で、米、麦、大豆、てん菜、でんぷん原料用ばれいしょ、そば、菜種などの、販売価格が生産費を恒常的に下回っている作物について差額を交付すると共に、麦や大豆などへの作付転換を促進し、増産を図るものとなっている。

7 最近の品種別作付動向

米穀安定供給確保支援機構では毎年「水稲の品種別作付動向」を公表していますが、二〇二二年度のうるち米（醸造用米、もち米を除く）の作付順位では、「コシヒカリ*」が最も多く、作付割合の三三・五%を占めています。

●コシヒカリがトップ

二〇二二年産の作付順位は次のとおりです。

①「コシヒカリ」　（作付割合三三・四%）
②「ひとめぼれ」　（同　八・七%）
③「ヒノヒカリ」　（同　八・四%）
④「あきたこまち」　（同　六・八%）
⑤「ななつぼし」　（同　三・三%）

また上位一〇品種のうち、作付割合が前年産より減少したのは「コシヒカリ」「ひとめぼれ」「ななつぼし」の三品種で、増加したのは「ヒノヒカリ」「きぬむすめ」「ゆめぴりか」の三品種、順位の変動はありませんでした。

●人気一〇品種で作付割合の七割

現在、国内で作付けされている米の品種は約二六〇ですが、上位一〇品種が全体に占める割合は約七割で、上位二〇品種では八割を占めています。全国で最も作付けの多い品種は「コシヒカリ」、次いで「ひとめぼれ」「ヒノヒカリ」となっており、三位までで全体の五割を占めています。とはいえ、近年は品種が少しずつ多様化してきました。

コシヒカリの作付面積が急速に増え始めたのは一九七〇年代以降だといわれますが、それ以前から米の余剰が問題となり、多収性より味のよさを重視して品種が選ばれるようになりました。中でもコシヒカリの栽培面積が最も多くなっています。

＊**コシヒカリ**　新潟県で誕生して福井県で育った米の品種。北陸地方の国々を指す「越（こし）の国」と「光」の字から、「越の国に光かがやく」ことを願って付けられた。

●品種改良を巡る新たな動き

減反廃止によって、農家は売れる米をどんどん作り、収益を上げて競争力の高い農業が実現するという仕組みになっていますが、一方で、これまで生産性が低かった中山間地域ではそういった動きに追随するのが難しいという新たな問題が出てきました。

また、減反が行われていたときには、各地域の農業試験場でも、収量が増える品種の開発を抑えていたのですが、飼料用米の増産や米粉加工向けの品種の増産などで、多収量米の研究・開発が促進されるという動きにもなってきます。

飼料用米の増産によって、飼料用穀物の輸入量が減少した場合には、これがまた新たな貿易不均衡の問題になる可能性もあります。その場合、日本は飼料穀物市場から排除されることも懸念されます。しかし、人口減少や高齢化が続く中では米の消費が増えることはなく、米の消費拡大に向けた新たな取り組みと輸出にどう活路を求めていくかが問われています。

2021年産うるち米（醸造用米、もち米を除く）の品種別作付割合上位10品種

順位	品種名	作付割合（%）	主要産地	前年順位
1	コシヒカリ	33.4	新潟、茨城、栃木	1
2	ひとめぼれ	8.7	宮城、岩手、福島	2
3	ヒノヒカリ	8.4	熊本、大分、鹿児島	3
4	あきたこまち	6.8	秋田、岩手、茨城	4
5	ななつぼし	3.3	北海道	5
6	はえぬき	2.8	山形	6
7	まっしぐら	2.5	青森	7
8	キヌヒカリ	1.9	滋賀、兵庫、京都	8
9	きぬむすめ	1.7	島根、岡山、鳥取	9
10	ゆめぴりか	1.7	北海道	10
上位10位の品種計		71.2		

11位以下、こしいぶき（新潟）、つや姫（山形、宮城、島根）、あさひの夢（群馬、栃木、茨城）、夢つくし（福岡）、ふさこがね（千葉）、天のつぶ（福島）、あいちのかおり（愛知）、あきさかり（広島、徳島、福井）、彩のかがやき（埼玉）、とちぎの星（栃木）

出典：米穀安定供給確保支援機構

8 飼料用米の動向

政府は、主食用米から飼料用米への転作を助成する交付金の仕組みを二〇二三年産から見直しています。主食用米を家畜の餌向けにそのまま転換できる一般品種より、収穫量が多く主食用米に戻りにくい専用品種を重視するよう改める考え方に傾いています。

●多収品種*の導入

飼料用米の生産量は二〇一六年産の五一万トンをピークに減少してきましたが、二〇二〇年産の飼料用米の作付面積は全国で七・一万ha、生産量としては三八万トンで、平均単収は一〇a当たり五三九kgと増えてきました。作付面積も一八年産から減少傾向を続けてきましたが、畜産農家側からは安定的な供給が求められて増加してきました。複数年契約による安定的な取引拡大も求められるようになり、飼料用米を手がける農家の経営規模としては、全水稲の作付規模が五ha以上というところが八割以上を占めており、大規模農家が生産の中心になっています。

●飼料用米への転換のメリット

いま改めて、飼料用米を栽培することの農家にとってのメリットが問われています。

飼料用米は、主食用米の栽培に向かない水田でも新たな設備投資なしで栽培できる、というメリットがありました。排水の便が悪かったり圃場が整備されていない水田でも作付けが行える、というメリットがありました。しかも、栽培体系は主食用米と同じで、それまで使用してきた農機具をそのまま使えるため、新たな設備投資をすることなく転換できました。さらには、主食用品種のうち収量が比較的多い品種でも飼料用米としての使用が可能で、転換に対する農家の不安も少なくて済みました。

用語解説

＊（飼料用米の）多収品種　「国の委託試験等によって子実の収量が多いことが確認された25品種（多収品種）」および「都道府県内で主に主食用以外の用途向けとして生産されているもので、知事の申請に基づき地方農政局長等が認定した品種（特認品種）」に区分されている。

●「水田活用の直接支払交付金」など

　国では、飼料用米へのスムーズな転換を推進するため、様々な支援策を行ってきました。

「水田活用の直接支払交付金」の**戦略作物助成**＊や産地交付金（転換作物拡大加算、複数年契約加算）などが行われています。現在、戦略作物助成金は、水田を活用して飼料用米を生産する農家に対し、収量に応じて一〇a当たり五万五〇〇〇～一〇万五〇〇〇円が交付されました。また、自然災害などが発生しても、過去実績をもとに、標準単収以上の収量が確実だったと認められる場合には、特例措置として標準単価が交付されました。転換作物拡大加算は、地域農業再生協議会ごとに見て主食用米が減少し、転換作物の面積が前年度より増加した場合について、増加面積に応じて配分されます。複数年契約加算は、飼料用米を必要とする事業者との複数年契約（三年以上）を行った場合に配分されていました。

　政府では二〇二三年より段階的に、これらの交付金の仕組みを見直しています。

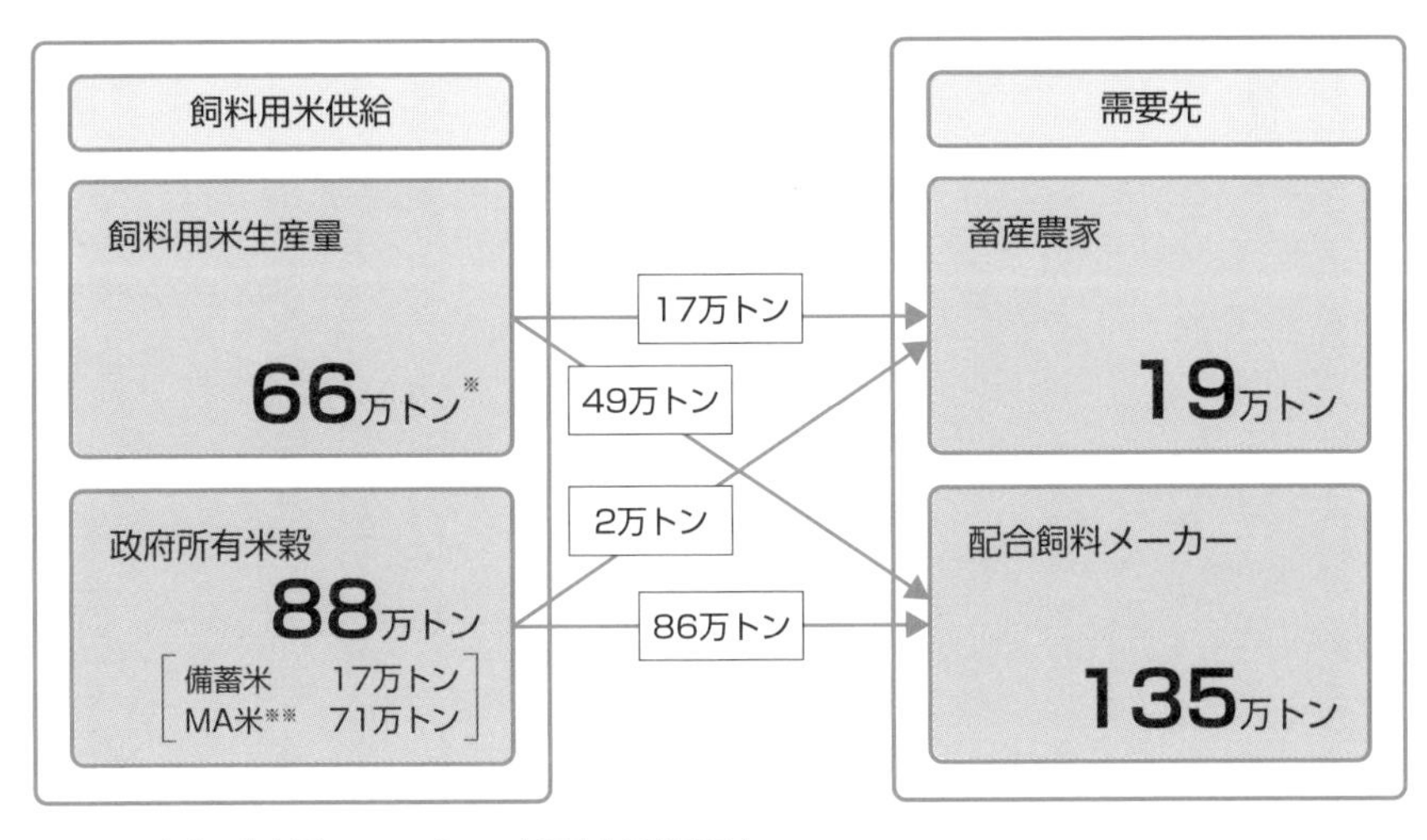

※2021年産の生産量　※※ミニマムアクセス米のこと

＊**戦略作物助成**　水田活用の直接支払交付金の対象作物として、麦、大豆、飼料作物、WCS用稲、加工用米、飼料用米、米粉用米がある。

9 米粉活用と最近のグルテンフリー食品

世界の食料需給などを巡るリスクが顕在化する中、国内で唯一自給可能な穀物である米を原料とする米粉の活用が課題になってきました。国は米粉の利用拡大に向け、その特徴を活かした商品の開発、需要拡大に対応するための製造能力の強化、米粉専用品種の生産拡大に向けた取り組みを集中的に支援しています。

●五年前の一・七倍

米粉用米の需要が着実に伸びています。農水省の統計によると、二〇一七年度までは二万トン程度で推移していましたが、二〇二三年度の需要量は四・三万トンと過去最多を更新する見通しで、五年前の約二倍にまで増えてきました。

コロナ禍が続く中、**米粉**の家庭用の需要が好調で消費者に米粉の利用価値が浸透してきたほか、業務用の需要も回復基調にあります。米粉の「グルテンを含まない」という特性を活かした「ノングルテン米粉第三者認証制度」や「米粉の用途別基準」の運用を二〇一八年から開始したことも、米粉の需要量拡大の背景にあります。

●製粉コストの状況

民間では、米粉の利用拡大に向けて、製粉コスト低減の取り組みのほか、グルテンを含まない米粉商品の開発、増粘剤や乳化剤等の代替品となりうる**新たな米粉加工品**＊（米ピューレ、アルファ化米粉など）を活用した商品の開発が進むなど、様々な取り組みが見られます。

しかし、小麦粉とのコストの比較では、原材料費こそ小麦粉六〇円／kgに対して米粉五〇円／kgですが、製粉コストとなると小麦粉五〇円／kgに対して、米粉は用途の違いによって七〇～三四〇円／kgと開きが大きく、そのまま製品価格に反映されています。

＊**新たな米粉加工品**　エースコックでは、米粉の需要拡大に取り組む「にいがた発・R10プロジェクト」の応援企画として、小麦粉の10%を米粉に置き換えた「うまさぎっしり新潟シリーズ」を製造・販売している。

●新たな米粉の活用と米粉用米の生産拡大

米ピューレは、米穀を加熱処理したのちに裏ごしし、ピューレ状に加工してパンなどに利用され、乳化剤の代替品として利用できることから保湿性に優れたパンの製造が可能になっています。アルファ化米粉は、特殊な加工技術により、増粘多糖類や油脂などの代替品として製パン時の粘度調節に使用されています。さらに、電子レンジで加熱するだけでできるグルテンフリーケーキのミックス粉なども開発されています。

また、米粉に適した米粉用米の生産量も全国各地で増加しています。米粉の需要拡大に向けて、原料用米の生産では、パンに適した「**ミズホチカラ***」や、麺に適した「越のかおり」など、各地において加工適性や収量に優れた品種の開発も進んでいます。国では、米粉商品開発等支援対策事業として、米粉を原料とする商品の開発や、米粉・米粉製品の製造に必要な機械の開発・導入に対する支援も行っています。

グルテンフリー、ノングルテンとアレルギー表示の違い

	含有量	対象穀物
グルテンフリー（欧米の基準）	グルテン：20ppm 以下	大麦・小麦など全穀物
ノングルテン（日本の基準）	グルテン：1ppm 以下	米粉のみ
小麦アレルギー表示	タンパク質：数 ppm 以上	小麦のみ

◀ノングルテン米粉のロゴ

出典：日本米粉協会

***ミズホチカラ** 米粉づくりのために開発された品種で、一般的な食用のうるち米で作られた米粉に比べ、製パン適性が高いのが特徴となっている。

「農」「食」「手しごと」人気のマルシェ

山形県鶴岡市では、手づくりをテーマとした「こしゃってプロジェクト」が人気になっています。「こしゃる」は、「作る」を意味する鶴岡の方言です。

鶴岡には、手間暇を惜しまず米や野菜、果物を作っている農家、先人の知恵と技術を絶やすまいと受け継がれている手しごと、先人から大切に受け継がれている伝統や文化など素晴らしいものがたくさんあり、これらを地域の人々に楽しんでもらえるように、マルシェ（市場）が企画されています。

手づくりの農産物や加工品、雑貨などを作り手が直接販売する市場、そして「食文化」や「手しごと」「自然や伝統文化」をテーマに参加者が体験しながら学ぶワークショップを開催しつつ、独自のコミュニティを形成しています。

マルシェの実現によって、地域の人々が地元の作り手から直接購入することで地産地消や地域の経済に貢献できると考えられ、出店者も回を重ねるごとに増えています。

そして、使い手の感想や喜びなどを知ることで、作り手の生産意欲や品質の向上につながることも期待され、コミュニティの輪も広がっています。

手づくりでつながるマルシェです。

新規就農と異業種からの農業参入

高齢化などによる離農が続いています。産業として農業を持続・発展させるためには、農業従事者の増加が最重要課題の1つで、そのためには新規就農者の確保・育成・定着への取り組みを推進していくことが必要です。

今日、全国の自治体では次世代を担う農業者の育成や確保に向けた取り組みが盛んに行われています。新規の就農希望者向けの短期就業体験、農業大学校・農業高校での新規学卒者や農業への転職を希望する他産業従事者への研修の支援、新規雇用を前提とした農業法人の経営支援なども行われています。

本章では、新規就農に向けての支援制度や担い手育成の動向などを中心に、現代農業の人と仕事の動向について解説します。

1 新規就農者の動向

1−3節でも触れたように、個人経営体の基幹的農業従事者（仕事が主で、主に自営農業に従事する世帯員）は二〇二二年二月現在、一二三万五五〇〇人で、前年に比べ五・九％減少しています。また、二〇二一年の新規就農者数は五万二二九〇人で、前年に比べ二・七％減少しました。

●新規就農者とは

新しく農業に取り組むことを「**新規就農**」と呼び、区市町村から農業経営基盤強化促進法第一四条の四に規定する青年等就農計画の認定を受けた農業者のことを**認定新規就農者**といいます。認定新規就農者になると、青年等就農資金を借り入れたり、農業次世代人材投資資金を受給することができます。

新規就農のタイプとしては「新規自営農業就農者」「新規雇用就農者」「新規参入者」の三つに区分され、最初の「新規自営農業就農者」は、家族経営体の世帯員で、他の仕事から自営農業への従事が主になった者を指します。一方、「新規雇用就農者」は、法人などに雇用されることにより就農した人たちです。

●新規自営農業就農者

家族経営体の世帯員で、調査期日前一年間の生活の主な状態が、「学生」から「自営農業への従事が主」になった人、および「他に雇われて勤務が主」から「自営農業への従事が主」になった人を**新規自営農業就農者**と呼びます。二〇二一年の新規自営農業就農者は三万六八九〇人で、前年と比較して八・〇％減少していますが、そのうち新規学卒就農者は男女計で八〇〇人。二〇〜二九歳が五五〇人、一五〜一九歳が二〇〇人、三〇〜三九歳が五〇人。新規自営農業就農者の最も多い年齢層は六五歳以上で、一万七二三〇人と四六・四％を占めています。次いで四九歳以下で一九・五％になっています。

【新規就農者の区分】 新規就農者の統計では、就農形態により「自営農業就農者」「雇用就農者」「新規参入者」に分けられ、さらに「自営農業就農者」は「新規学卒」「Uターン」に分けられている。

●継承形態と新規雇用就農者

継承形態では「新たに親の農業経営を継承」が六七六〇人と経営継承者全体の八二・二%を占め、「親の農業経営とは別作物等を新たに開始」は一一・三%、「親の農業経営を継承かつ親の農業経営とは別作物等を新たに開始」は六・四%になっています。

新規雇用就農者数は一万一五七〇人で同一五・一%増加しています。新規雇用就農者とは、主として農業経営のために農業法人などに新たに雇われた者のうち、雇用契約に際しあらかじめ七カ月以上の期間を定めて（七カ月以上の雇用を前提に期間を定めない場合も含む）雇われた人のことを指します。このうち四九歳以下は八五四〇人と、前年比一六・〇%の増加となっています。

雇用先を農産物販売金額で見ると、「一億円以上」の雇用先で雇用された人が六一七〇人と五三・三%を占めています。次いで「五〇〇〇万～一億円」で一五・四%となっています。雇用者数はほぼ雇用先の販売金額と相関しています。

49際以下の新規就農者の推移（就農形態別）

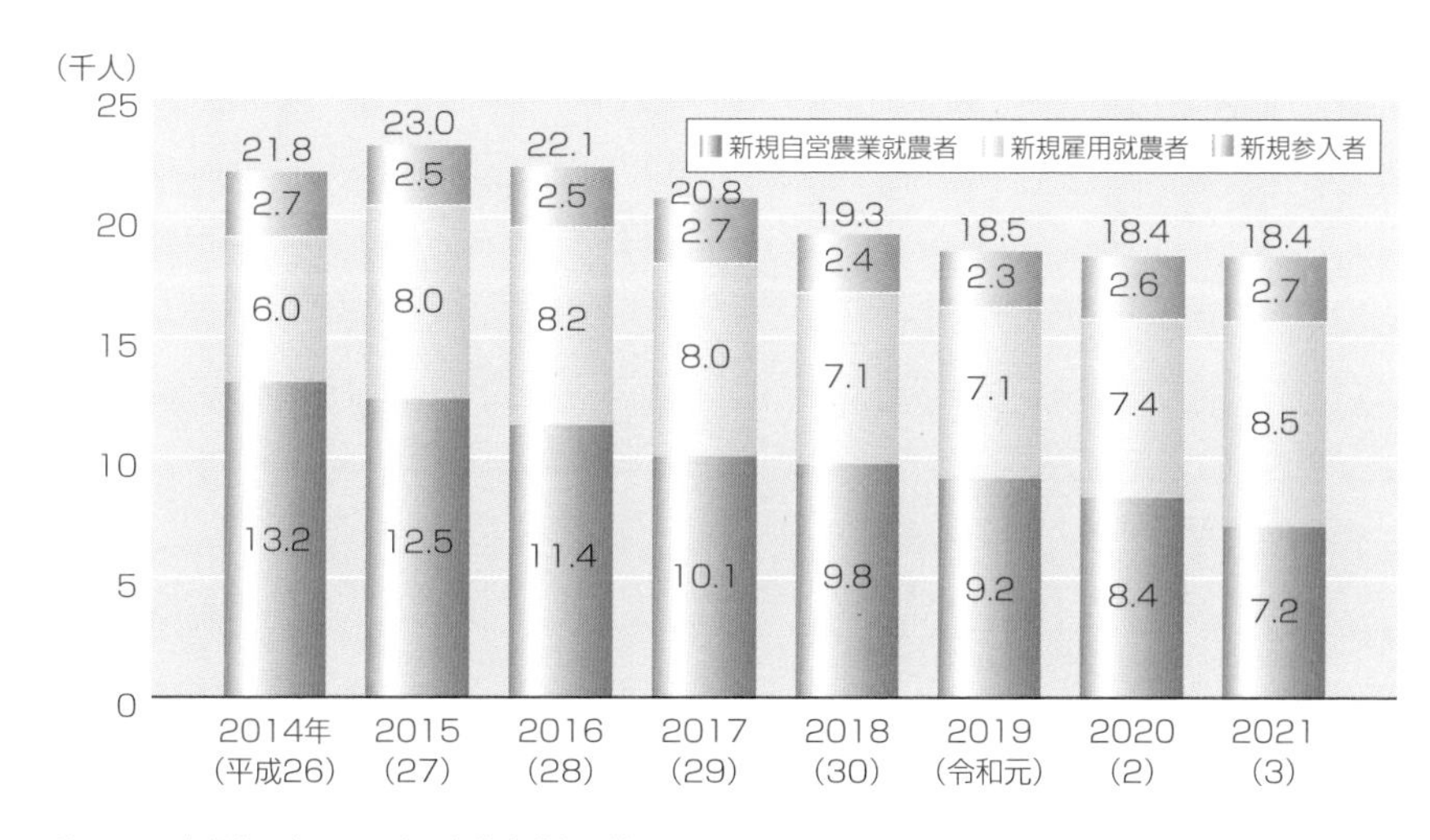

注：100人単位で表示し、表示単位未満を四捨五入しているため、合計値と内訳の計は一致しない場合がある。

【農家継承形態】　農業の事業承継には、大きく「親族内承継」「親族外承継」「M&A」の3種類の形態と方法がある。

●新規参入者の動向

「**新規参入者**」とは、土地や資金を独自に調達し（相続・贈与等で親の農地を譲り受けた場合を除く）、新たに農業経営を開始した経営の責任者および共同経営者です。家族経営の継承や雇用就農ではなく、「独立就農」としての意味合いが強くなります。

土地や資金を独自に調達して農業経営を開始した人たちで、二〇二二年二月では、三八三〇人で前年比七・〇％増加しています。このうち四九歳以下は二六九〇人で同四・三％増加しました。新規参入した部門別に見ると、**露地野菜作***は一三二〇人で新規参入者の三四・二％と最も多くを占めています。前年比では一八・〇％の増加です。次いで果樹作が七九〇人で新規参入者の二〇・六％を占め、前年比で一九・七％増加しています。**施設野菜作***は六五〇人で、構成比としては一七・〇％を占めますが、前年比では七・一％の減少になっています。畜産部門の新規参入は養豚がゼロで、酪農は前年比三三・三％の減、肉用牛も四一・七％と大きく減少しています。

●就農一年目の費用と自己資金

就農一年目に要した費用と自己資金の準備状況について、「新規就農者の就農実態に関する調査」（全国農業会議所・二〇二一年度）によれば、就農一年目に要した費用の平均は七五五万円で、そのうち機械・施設等への費用が五六一万円、必要経費（種苗・肥料・燃料等）が一九四万円になっています。

これに対し、営農面での自己資金は二八一万円で、差額は四七四万円になり、また、生活面での自己資金は一七〇万円で、就農一年目の農産物売上高は平均三四三万円になっています。販売金額第一位の作目別に見ると、酪農では自己資金の準備額が五八一万円と最も高くなっていますが、費用合計では三九〇三万円と群を抜いて高く、その差額は三三二一万円になります。しかし、酪農での就農一年目の農産物売上高は平均二三五九万円であり、一年目の営農費用と自己資金の差額の約七割をカバーするものとなっています。そのほか、営農費用と自己資金の差額が大きいものとしては、施設野菜作と「花き・花木」があります。

＊**露地野菜作と施設野菜作**　露地野菜は根菜類・葉茎類、施設野菜は果菜類が中心。施設野菜は収穫期間が長く収量が多いため、出荷量は高くなっている。しかし、コストが高く、利益も市況に左右される割合が大きい。

●制度資金と民間借り入れ

就農時から発生する資金不足に対して、全体の五一・一%が資金の借り入れを行っており、借入先としては青年等就農資金と経営体育成強化資金、**スーパーL資金**＊、農業近代化資金などの制度資金や、農協、銀行などの民間資金を利用しています。

借り入れを行っている人の借入先の割合としては、制度資金では青年等就農資金が全体の七割を占め、経営体育成強化資金が六・三%、スーパーL資金が五・四%、農業近代化資金等が五・九%になっています。

民間資金では、農協の利用が一九・六%、銀行が七・六%、その他が七・一%になっています。

作目別では酪農の借入率が高く、全体の九三・五%が借り入れを行っています。

また、就農時の住居の確保状況では、「住宅（一戸建て）を借りた」が二五・一%で最も多く、次に「実家」が二二・三%、以下「集合住宅、アパート」「中古住宅（一戸建て）の購入」「新築」「配偶者の実家」となっています。

青年等就農計画の認定の仕組み

＊**スーパーL資金**　農業経営基盤強化資金で、認定農業者向けの、農業経営改善のための資金。農業近代化資金では十分な対応ができない場合に、日本政策金融公庫が融資する資金。

2 第三者継承による新規就農と法人の新規参入

世襲による経営継承や従来型の新規就農だけではなく、新しい就農方式として、後継者不在農家の経営資産を家族以外の第三者が一体的に引き継ぐ、いわゆる「第三者継承」による新規参入が増えてきました。地域農業の維持・発展が難しくなりつつある中、第三者継承の制度は二〇〇八年度から始まっています。

●後継者を確保していない経営体

農業従事者の高齢化が進む中で、後継者確保の問題が顕在化しています。二〇二〇年の農業センサスによれば、全国の一〇七万五七〇〇あまりの農業経営体のうち、約七割の経営体が「五年以内に引き継げる後継者を確保していない」と回答しており、農業を営む人の多くが後継者を確保していない状況にあります。

政府では、二〇〇九年の農地法改正で、農地の権利取得や農地の貸借、農業生産法人要件などを見直し、続く二〇一五年の農地法改正では、農地を所有できる法人の要件などが見直されました。さらに、二〇一九年の農地法改正では、農地集積における支援や事務手続きの簡素化などが行われました。

●事業承継の形態

農業の事業承継では、事業（経営）、財産、そして無形財産という大きく三つのものが引き継がれます。その中で、事業（経営）の承継は、基本的には後継者への経営権の承継であり、作物栽培の技術や経験、取引先など「人」に依存する部分が大きくなります。

財産の承継は、事業用資産や資金など有形の資産を承継することで、農業の場合には、農地や耕作機械、家畜、樹木、運転資金や借入金などがあります。

無形財産の承継とは、貸借対照表に記載されている資産以外の無形の資産を承継することで、経営理念や技術・ノウハウ、経営者が培ってきた信用、ブランドや商標などの知的財産などが含まれます。

【農地法改正の歴史】 農地法は、農業生産の基盤ともいえる農地を守るための法律として、1952（昭和27）年に制定されている。農地は耕作者が所有することが適当であると定め、耕作者の権利や地位の安定を目的としている。その後、農業への参入を促進するための規制緩和や、農地を所有できる法人要件の見直しなどが行われた。

●農地法改正による法人の新規参入

農地法はもともと、農業を保護するために農地の所有や転用、売買などに規制を設けた法律でしたが、後継者確保が問題となってからは、農地の流動性を高め、法人などが農業に参入しやすくなる規制緩和が求められていました。二〇〇九年の改正により、貸借であれば、企業やその他の法人であっても全国どこでも参入が可能となり、農地を利用して農業経営を行うことができるリース法人は二〇二〇年一二月現在で二八六七法人まで増加し、改正前の約五倍のペースで増加しています。さらに最近では、**農地所有適格法人**＊（農地を買うことができる法人）による参入も増えています。

この農地所有適格法人の要件としては、法人形態要件、事業要件、構成員・議決権要件、役員要件が規定されており、この四要件をすべて満たす必要があります。農地に関する権利取得の許可申請手続きの中で要件の審査が行われ、権利取得後も要件を満たし続けなければなりません。

農地所有適格法人の要件（2016〈平成28〉年4月1日以降）

①法人形態要件	農業組合法人、株式会社、持分会社であること。
②事業要件	その法人の主たる事業が農業であること。
③構成員・議決権要件 右記の者の議決権の合計が総議決権の過半数を占めること ※株式会社以外は右記に該当する者が総社員数の過半数を占めること	1. その法人に農地等について所有権もしくは使用収益権（賃貸・使用貸借による権利）を提供した個人 2. 法人の行う農業に常時従事する者 3. 地方公共団体 4. 法人に農作業の委託を行っている個人 5. 農協　など
④役員要件	1. 法人の常時従事者である構成員が、理事等の数の過半数を占めていること。 2. 法人の理事等または使用人のうち、1人以上の者がその法人の行う農業に必要な農作業に年間60日以上従事すると認められる者であること。

＊**農地所有適格法人**　要件として、法人形態要件、事業要件、構成員・議決権要件、役員要件が規定され、この４要件をすべて満たす必要がある。また、権利取得後も要件を満たし続けなければならない。

3 就農準備資金と経営開始資金

就農準備資金は、都道府県などが認める道府県の農業大学校や先進農家などの研修機関で研修を受ける就農希望者に、就農前の研修を後押しする資金を交付するものです。また経営開始資金は、新規就農する人に、就農直後の経営確立を支援する資金を交付するものです。

●就農準備資金

国では、次世代を担う農業者となることを志望する人に対し、就農前の研修を後押しする「就農準備資金」(二年以内)および就農直後の経営確立を支援する「経営開始資金」(三年以内)を交付しています。

就農準備資金は、就農予定時の年齢が原則四九歳以下であり、次世代を担う農業者となることについて強い意欲を有していること、都道府県などが認めた研修機関で概ね一年以上(一年につき概ね一二〇〇時間以上)研修すること、などが交付要件です。

また、新規就農する人に、就農直後の経営確立を支援する経営開始資金として、月一二万五〇〇〇円が交付されます(年間最大一五〇万円で最長三年間)。

●経営開始資金

経営開始資金も、独立・自営就農時の年齢が原則四九歳以下の認定新規就農者で、次世代を担う農業者となることに強い意欲を有していること、また市町村が作成する「**人・農地プラン**＊」の中心となる経営体として位置付けられていること(位置付けられることが確実と見込まれることを含む)などが交付要件となります。このほか、就農後の経営発展を目的とする機械・施設の整備、家畜の購入、果樹や茶の新植・改植などを支援する「経営発展支援事業」があります。支援額は補助対象事業費の上限一〇〇〇万円で、前記した経営開始資金も併せて受ける場合は上限五〇〇万円になります。

＊**人・農地プラン**　高齢化や農業の担い手不足が続く中、地域や集落の話し合いに基づき、5年後、10年後までに、地域内の農業において中心的な役割を果たすことが見込まれる農業者(中心経営体)、当該地域における農業の在り方などを明確化することを目的とする農業政策(次節参照)。

●経営発展支援事業

経営発展支援事業も同様に、新たに農業経営を開始し、独立・自営就農時の年齢が原則四九歳以下の認定新規就農者であり、次世代を担う農業者となることに強い意欲を有していること、市町村が作成する「人・農地プラン」に中心となる経営体として位置付けられていること（位置付けられることが確実と見込まれることを含む）などが交付要件となります。

このほか国の支援では、市町村から青年等就農計画の認定を受けた認定新規就農者を対象にした無利子融資で、実質無担保・無保証人の「青年等就農資金」があります。農業経営を開始するために必要な農業生産用の施設・機械の整備、家畜の購入費、果樹や茶の新植・改植費のほか、長期運転資金など幅広い用途に対応し、借入限度額は三七〇〇万円となっています。

就農後、しばらくの間は収入が安定せず返済が難しい場合も想定されることから、償還期限一七年以内のうち据置期間は五年以内に設定されており、新規就農者には大きなメリットのある資金になっています。

経営発展支援事業の仕組み（北海道の場合）

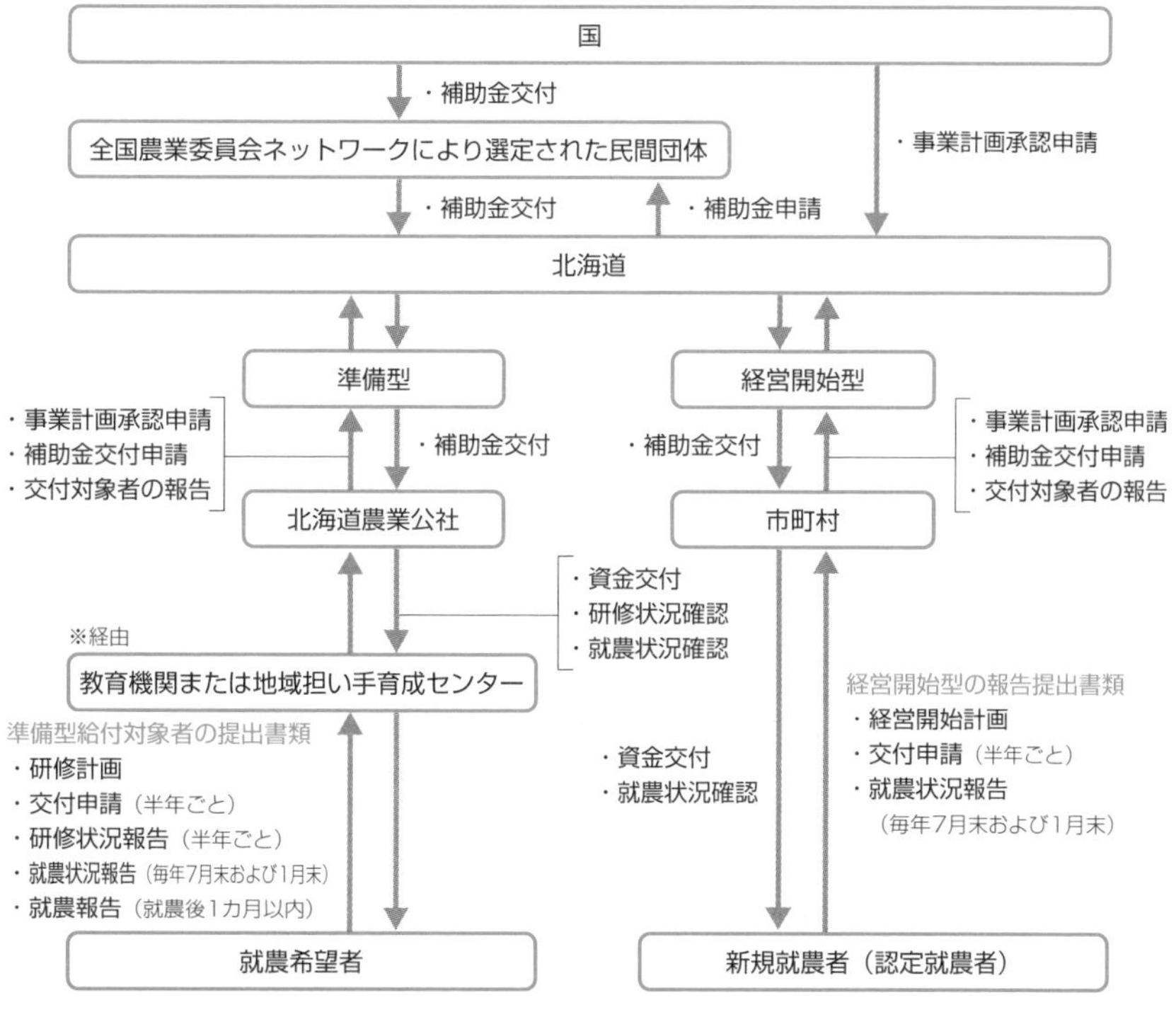

国
・補助金交付 → 全国農業委員会ネットワークにより選定された民間団体
・事業計画承認申請（北海道 → 国）
全国農業委員会ネットワークにより選定された民間団体
・補助金交付 → 北海道
・補助金申請（北海道 → 民間団体）
北海道 ⇄ 準備型 / 経営開始型

準備型
・補助金交付 → 北海道農業公社
北海道農業公社 → 準備型：
・事業計画承認申請
・補助金交付申請
・交付対象者の報告

経営開始型
・補助金交付 → 市町村
市町村 → 経営開始型：
・事業計画承認申請
・補助金交付申請
・交付対象者の報告

北海道農業公社 → 就農希望者（※経由 教育機関または地域担い手育成センター）
・資金交付
・研修状況確認
・就農状況確認

準備型給付対象者の提出書類（就農希望者 → 北海道農業公社）
・研修計画
・交付申請（半年ごと）
・研修状況報告（半年ごと）
・就農状況報告（毎年7月末および1月末）
・就農報告（就農後1カ月以内）

市町村 → 新規就農者（認定就農者）
・資金交付
・就農状況確認

経営開始型の報告提出書類（新規就農者 → 市町村）
・経営開始計画
・交付申請（半年ごと）
・就農状況報告
（毎年7月末および1月末）

就農希望者

新規就農者（認定就農者）

人・農地プランから地域計画へ

高齢化や農業の担い手不足が進む中、五年後、一〇年後までに、誰がどのように農地を使って農業を進めていくのかを、地域や集落の話し合いに基づいてまとめる計画を「人・農地プラン」と呼んでいます。

●農地中間管理事業

地域内の分散し錯綜(さくそう)した農地利用を整理して担い手ごとに集約化する必要がある場合や、耕作放棄地等について、**農地中間管理機構**（**農地バンク**）＊が借り受け、必要なら基盤整備等の条件整備を行い、担い手がまとまりのある形で農地を利用できるよう配慮して貸し付ける事業のことを、**農地中間管理事業**と呼んでいます。

この事業は、「**人・農地プラン**」の作成・見直しと連携させながら、効率化や高度化を促進する効果が高い区域を重点地域として実施しているもので、県知事が「農地中間管理事業の推進に関する法律」に基づいて農地中間管理機構とする団体を指定しています。

●農地中間管理機構

農地中間管理機構は、集落や地域ごとに中心となる経営体（個人、法人、集落営農）や中心となる経営体に協力する農家、その他の農家を明確にし、中心となる経営体にどのようにして農地を集積させるかなど、地域農業の将来のあり方をその地域の話し合いによって決めていきます。

二〇一四年から全国の都道府県に設置され、例えば「リタイアするので農地を貸したい」、「利用権を交換して、分散した農地をまとめたい」、あるいは「新規就農するので農地を借りたい」といったときの相談窓口となります。

＊**農地中間管理機構（農地バンク）** 農地の賃借を仲介する国の農地中間管理事業として、農地を貸したい人と借りたい人をつなげたり、賃料の回収を代行したりする、各都道府県に設置された機関です。（続く）

●農地バンクの活用

人・農地プランとともに市町村が作成する目標地図は、一〇年後に目指すべき農地の効率的・総合的な利用の姿を明確化するもので、農地の集約などに関する基準に適合するよう作成することになりました。

また農地バンクでは、分散している農地をまとめて借り受け、農家負担ゼロの基盤整備を通じて一団の形で転貸し集約化を実現するよう、地域集積協力金も活用し、農地バンク経由の転貸を集中的に実施すると共に、目標地図内の農地について、遊休農地・所有者不明農地も含めて運用を見直すことになりました。

これからの人・農地プランは、近年の大型の自然災害による流域治水対策の必要性から、農業用ため池などの有効活用や田んぼダムに取り組むための合意形成を支援する内容も盛り込むことが求められています。土地改良では、農業用ため池や排水機場などの水利施設について国や地方自治体が、農業者の費用負担や同意を求めずに地震対策を実施できるとされ、この仕組みを豪雨対策にも適用するとしています。

地域計画の策定（人・農地プランの法定化）

①市町村は、農業者、農業委員会、農地バンク、農協、土地改良区等による協議の場を設け、将来の農業や農地利用の姿について話し合いを実施。
（農地経営基盤強化促進法第18条）

②これを踏まえて、市町村は、地域の将来の農業の在り方、将来の農地の効率的かつ総合的な利用に関する目標（目標とする農地利用の姿を示した地図を含む）等を定めた「地域計画」を策定・公告。
その際、農業委員会は、農地バンク等と協力して目標とする地図の素案を作成。
（農地経営基盤強化促進法第19・第20条）

※地域計画は、施行期日から2年を経過する日までの間に策定
（附則第4条）

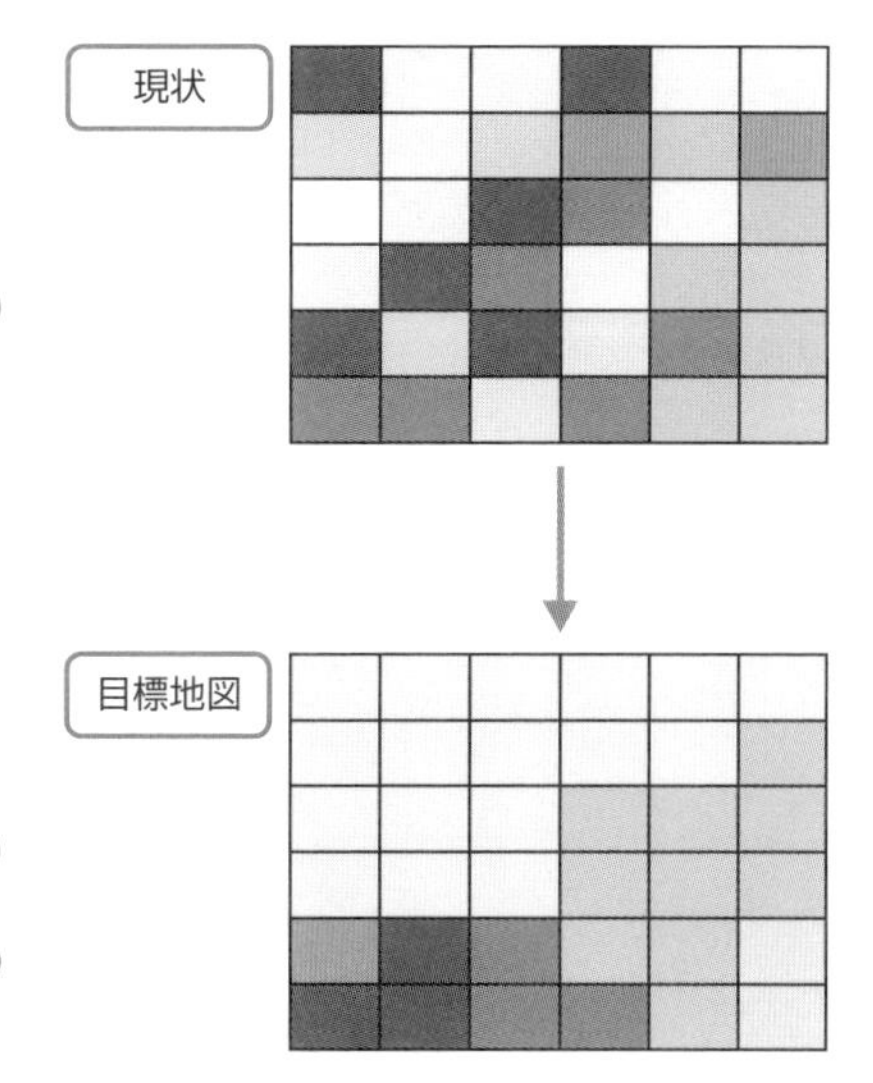

＊**農地中間管理機構（農地バンク）【続き】**　所有者は貸したい農地を、使いたい人は借受希望者として、農地中間管理機構に登録します。農地中間管理機構が、この登録情報を見て、両者をマッチングさせる仕組みです。

5 新規就農の仕方

「定年帰農」のような一過性の就農ブームが去り、いまは若い人たちを中心に、本気で農業を就職先や転職先に選ぶようになってきました。農業界への就職を実現するには、実際に農家になる方法と、最近増えてきた農業関連企業への就職という方法があります。

●農業インターンシップ

農業法人で就業体験をする制度として、全国農業会議所が農水省の補助を受けて実施している、**農業インターンシップ**＊という事業があります。

この事業の目的は大きく二つあって、一つ目は就職先としての農業を知るということ、二つ目は食料とその生産について知るということです。

インターンシップの内容は、全国約三〇〇社の農業法人での就業体験です。体験期間は一〜六週間で、年間を通して受け入れ可能。参加費は無料ですが、受入法人までの交通費は自己負担になります。研修期間中の食費・宿泊費は原則として受入先の負担です。

●体験内容

応募資格は、学生（高校生以上）および社会人で、農業に関心があり、健康体で農作業ができる体力があること。また、農業経験の有無は問わないものの、受入法人等の規則に基づきルールの守れる人となっています。

体験内容は、受入法人の経営作目によって異なるほか、同じ農業法人でも参加時期によって変わってきます。一日の作業は繁忙期かどうかや農業法人の就業規則にもよりますが八〜一二時間。作業内容は農作業だけでなく多岐にわたります。稲作の場合なら、わらまき・肥料まき・水管理・稲刈り・乾燥調整・精米・配達とひととおりの米づくりを体験します。

＊**インターンシップ**　特定の職の経験を積むために、企業や組織において労働に従事している期間のこと。

●「新・農業人フェア」への参加

就農希望者と農家のマッチングイベントとして、東京・大阪や名古屋・仙台・札幌・福岡・広島などで開催されています。

二〇二二年の札幌会場では道内の農業団体のほか、農水省や日本農業法人協会、日本政策金融公庫、地元からも北海道農業公社（農地中間管理機構）、北海道農業会議などが参加しています。

全国新規就農相談センターでは、茨城県水戸市にある日本農業実践学園で、『短期農業体験コース』や『中期農業研修コース』（一カ月）、そして農業に就くことを前提とした本格的な『農業実践コース』（三カ月）で研修生を随時迎え入れています。

短期コースは、基礎的な農作業体験を希望する農作業未体験の概ね六五歳以下の健康者を対象に、一週間（原則五日間）の研修を行うものです。

新・農業人フェア*

フェア会場では…

全国各地の情報が一度に集められる！

情報が多いので、比較検討ができる！

農業関係者の話を直接聞ける、相談できる！

農業での就転職先を探せる！

＊**新・農業人フェア**　農林水産省の補助事業として、農林水産省・厚生労働省が後援する国内最大級の農業イベント。

6

就農準備の教育機関

全国四二の道府県には、腰を落ち着けて農業の勉強ができる施設として、農業大学校が設置されています。このほか、民間の就農準備校や、農業経営を中心とした学校もあります。

●農業大学校

道府県立の農業者研修教育施設は、「**農業大学校**」などの名称で全国の道府県に設置・運営されています。就農意欲のある高卒レベルの若者たちを対象とした二年間の養成部門、および養成部門卒業者や一般の短大卒業者に向けてより高度な教育を行う研究部門（修業年限は一年間または二年間）が設置されており、多くは全寮制です。

また、近年は既農業者向けや一般教養を目的とした短期の研修を行う研修部門を設置しているところもあります。多くの農業大学校の養成部門は、文部科学省所管の専修学校（専門課程）に転換されており、この卒業者には専門士の称号が付与されます。

●アグリイノベーション大学校

関東と関西に学校がある「**アグリイノベーション大学校**」は民間の就農準備校で、農業技術をはじめ、経営・アグリビジネスまでを体系的に学べるカリキュラムを提供しています。アグリイノベーション総合コースは、生産・加工・流通・販売・グリーンツーリズム・農業体験など、「農」にまつわることを一貫して学び、社会・地域の課題解決を考えるカリキュラム構成が特徴になっています。総合コースのほか、農業技術中心に短期で学べる農業技術専攻コースも開講しています。関西、東海、関東エリアにそれぞれ農場と座学会場があるので、ビジネスマンが週末や夜間に通うことも可能です。

＊（株式会社）マイファーム　https://myfarm.co.jp/

●中国四国酪農大学校

　前身は岡山県立酪農大学校で、酪農業の担い手養成を専門としています。

　酪農担い手養成事業（酪農科課程　専修学校部門、修業年数二年）の卒業生は、酪農後継者として自営するほか、全国各地の大規模農場などへ雇用就農しています。そのほかに、酪農普及啓発事業（酪農フィールド研修科、一カ月コースおよび二週間コース）もあります。

●いしかわ耕稼塾

　いしかわ農業総合支援機構が運営している就農支援の研修施設で、プロの農業者から農業の応援団までの幅広い人材を養成するため、各種研修を実施しています。名前の由来は、加賀藩の農業の父といわれる土屋又三郎が作成した農業経営の指南書『耕稼春秋（こうかしゅんじゅう）』とのこと。新規就農者への実践的なトレーニングをはじめ、プロの農家の経営感覚を磨く研修も行われています。

アグリイノベーション大学校の入学者累計

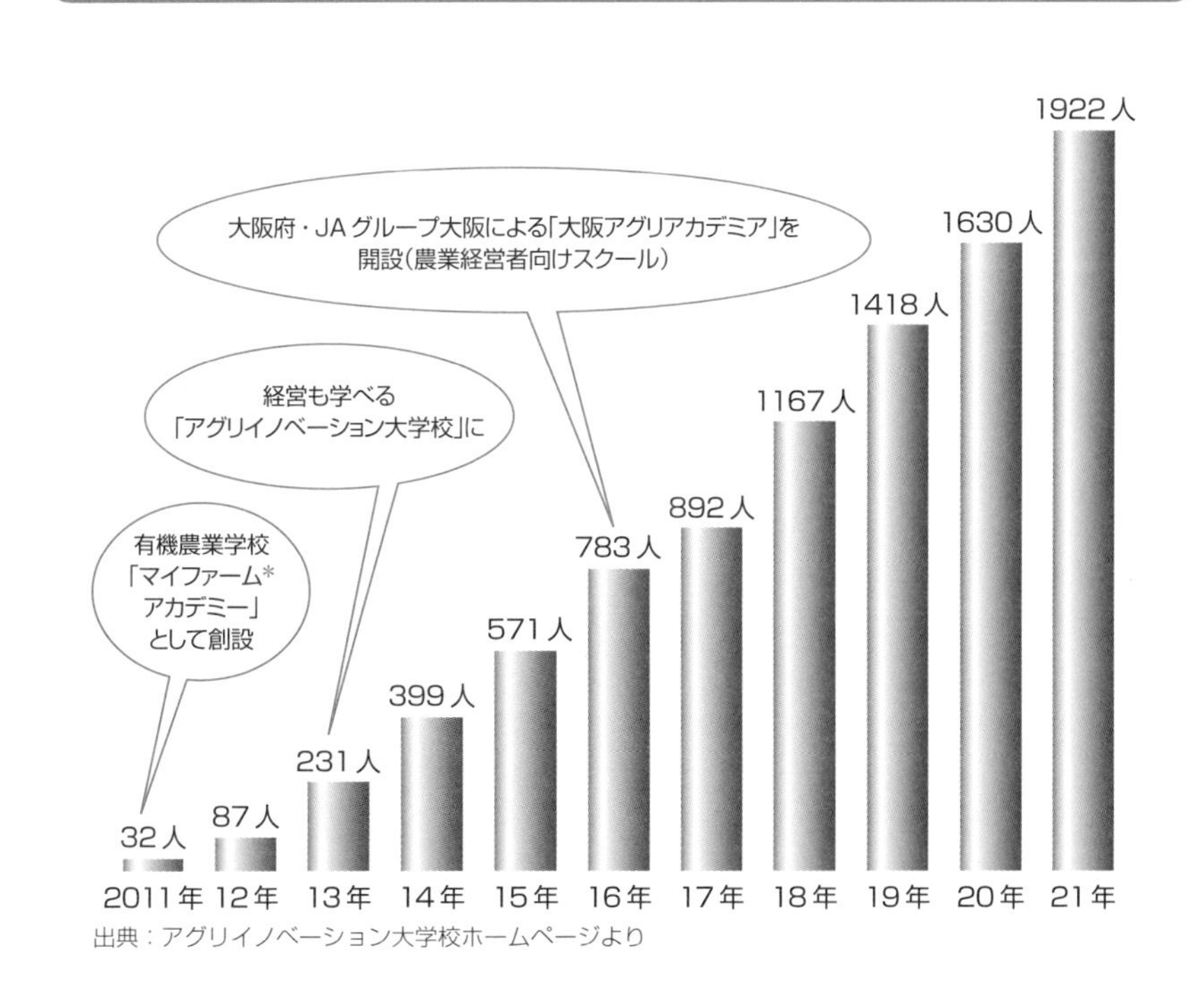

出典：アグリイノベーション大学校ホームページより

7 親元就農者の支援

JAバンクアグリ・エコサポート基金では、将来の担い手確保を目的とした支援事業の一つとして、親元就農応援事業を行っています。直系の親子に限らず、甥(おい)・姪(めい)が農業の跡継ぎになるなど、多様化する農業の事業承継に対応するための支援制度です。

●三親等以内の親族まで

農業次世代人材投資資金（旧青年就農給付金）は、親元就農者を原則として対象外とする、非農家の就農者中心の制度でした。

もともと農業は世襲が前提となっていました。しかし、近年は非農家出身の就農希望者が登場してきたことから、担い手育成の目的もまずは新規就農者の拡大に置かれていました。親元就農者には、先祖伝来の土地、農業技術、農業機械などの設備、既存の販路、地域での認知など、すでに農業をしている親が持っているものを、そのまま受け継いでスタートすることができる――というアドバンテージがあったからです。

●農家を継ぐ動機として

しかし、親元就農希望者すなわち〝農家のせがれ〟の跡取りも支援の対象にしようということで**親元就農応援事業***というものが生まれ、順次拡充されていったのです。

二〇一七年度に見直しされたのは、それまで親元で就農する子・孫またはその配偶者を対象としていたものを、甥・姪等の三親等以内の親族まで拡大したという点です。そして、直近一年間の農業所得が総所得（雑所得・譲渡所得および一時所得を除く）の五〇％以上を占めることが必要でしたが、地域農業の実情を踏まえ、農業所得要件を撤廃しています。

＊**親元就農応援事業**　親元就農は新規就農の形態の１つで、子や孫が親の経営のもとに親元で行う就農のこと。応援事業として、研修活動や就農準備のために助成金や給付金が交付されている。

●青年等就農計画制度

二〇一四年度から開始された「**青年等就農計画制度**」では、農業経営基盤強化促進法（農用地の利用集積や経営合理化を図るための法律）に基づいて、農業を始めてから五年以内であって、

①一八歳以上四五歳未満、
②六五歳未満で特定の知識・技能を有す、
③①もしくは②の方々が過半数を占める法人が今後五年間の経営目標などを記した「青年等就農計画」を策定し、その内容について市町村が「地域農業の将来の担い手」として期待できると判断したとき、「**認定新規就農者***」として認定する制度です。

一般的に「認定新規就農者」として認められるためには、五年後の農業所得が年二五〇万円程度、「認定農業者」であれば年五〇〇万円程度が実現可能であるとすることが必要になってきます。

認定新規就農者は、制度発足の六年目となる二〇二〇年三月末現在、全国で一万二三九七経営体となっています。

JA バンクえひめの親元就農応援事業

「JA バンクえひめ」ホームページより

＊**認定新規就農者**　新規就農者のうち、区市町村から農業経営基盤強化促進法第14条の4に規定する青年等就農計画の認定を受けた農業者で、認定新規就農者になると、青年等就農資金の借り入れや農業次世代人材投資資金の受給ができる。

8 人材派遣会社の農業分野進出

人材派遣のパソナグループでは、農業分野での雇用創出を目指し、二〇〇三年から新規就農者や農業経営者の育成に取り組んできました。現在では、全国の自治体と農業経営人材育成に関する事業を運営するなど、多くの農業人材を育成してきました。

●アグリベンチャー大学校

パソナグループで農業分野の人材育成事業などを展開する株式会社**パソナ農援隊***では、コンサルティング事業のほか、自社農場であるチャレンジファームにおいて、新規に独立就農もしくは農業分野での起業を目指す人材の育成を目的とした「農業ベンチャー支援事業」に、二〇〇八年から取り組んでいます。

さらに、「アグリベンチャー大学校」を設置し、新規就農希望者や農業コンサルタント希望者を対象にした「アグリベンチャーコース」や、農業経営者を対象にした「アグリMBAコース」などの座学講座も行ってきました。

●研究者との交流

さらに、パソナ農援隊では、農業分野において高度な技術や新品種などの開発を行っている国立研究開発法人農業・食品産業技術総合研究機構との間で、日本の地域農業を支える農業者育成に関する連携協定を締結しています。この協定では、優れた栽培技術と経営感覚を持つ人材の育成を目的とし、パソナ農援隊が実施する農業経営・就農研修や農業技術講習にて、農研機構の研究者による新技術や新品種を紹介するほか、パソナ農援隊が二〇一六年にフランスのパリに開設したプロモーションショップで、農研機構が開発した農作物を紹介していく計画です。

*（株式会社）パソナ農援隊　https://www.pasona-nouentai.co.jp/

●「農のハケン」とは

ライフラボ＊（株式会社Life Lab）では、二〇一六年一〇月から、新たに農業専門の人材派遣サービスとして「農のハケン」を開始しています。

それまでの同社の既存のサービスでは十分に支援できなかった、「中規模・大規模農業生産現場の雇用循環」、「中規模・大規模農業生産現場で労働する方々の農業界で完結できる将来設計」という二つの課題に対するサービス提供として展開するもので、具体的にはサービス開始から一年間で、二〇事業者に対し合計一〇〇名の農系労働者を派遣すると共に、向こう五年以内には、年間を通して五〇〇名を派遣するというサービス規模を見込んでいます。

研究開発事業として、大学との共同研究を通じて、低カリウムトマトの栽培技術の開発や、その他の機能性野菜の開発を行っています。また、植物工場用途の栽培テクノロジー開発や、植物工場ビジネスコンサルティングにも取り組んでいます。

人材派遣会社パソナの農業進出

出典：株式会社パソナ農援隊 ホームページより

＊**ライフラボ（株式会社Life Lab）**　https://www.life-lab.co.jp/

9

農業法人の雇用形態

農地の集約などにより、農業法人の数は増加傾向にあります。家族経営での農家が減少する一方で、耕作放棄地などを集約して一部の農家が大規模化し、農業法人として農業ビジネスを経営する傾向は、これからも進むことが予想されます。

●農業法人の社会保険・労働保険

従業員を雇用すると同時に、事業形態や従業員数に応じて、社会保険（健康保険・厚生年金保険）や労働保険（労災保険・雇用保険）に加入しなければなりません。

ただし農業については、まだ一部で、一般の会社とは取り扱いが異なる場合が出てきます。まず社会保険の加入義務については、個人事業のうち、常時五人以上の従業員を使用している事業所であっても、強制加入義務がない場合があります。株式会社や合同会社、農事組合法人といった法人によって農業法人が経営されている場合にのみ、社会保険の加入義務があります。

●労働保険の加入義務

社会保険への加入義務がない場合、従業員は国民健康保険や国民年金に加入することになります。また、農業者の年金については、農業者年金の制度もあります。

一方、労働保険（労災保険・雇用保険）については、社会保険と異なり、農業であっても他の事業と同様に労働保険の加入義務の有無が判断されます。個人事業として経営している場合でも、従業員が五人以上いる場合には、労働保険に加入しなければなりません。また、パートタイマー／アルバイトについては、労働時間などによって変わってきます。

【農業適用除外】 農業においては、労働基準法の規定のうち、労働時間（労働基準法第32条）、休憩（同第34条）、休日（同第35条）、割増賃金（同第37条）、年少者の特例（同第61条）、妊産婦の特例の6項目が適用除外となっている。

●従業員の労働時間

会社が従業員を雇用する場合、労働時間を決めなければなりません。本来、労働時間は労働契約の内容ですので、雇用主（使用者）と従業員（労働者）が合意して決めるものです。しかし、労働法は労働時間について、雇用主と従業員の合意があれば無制限に決められるということにしておらず、規制しています。農業の場合には、自然が相手であるという特性から、労働時間の規制が適用されないこととなっています。

しかし、農業について、労働法がすべて適用されないというわけではありません。労働基準法のうち、労働時間に関する規制が適用されないだけであり、その他の労働法は適用されます。労働基準法・労働契約法は、同居の親族のみを使用する事業（農業に限らず、すべての事業が対象です）については、適用されないこととなっています。そのため、同居する親族だけが雇用されている農家の場合には、労働基準法・労働契約法は適用されません。

労働基準法上の労働者性の判断基準

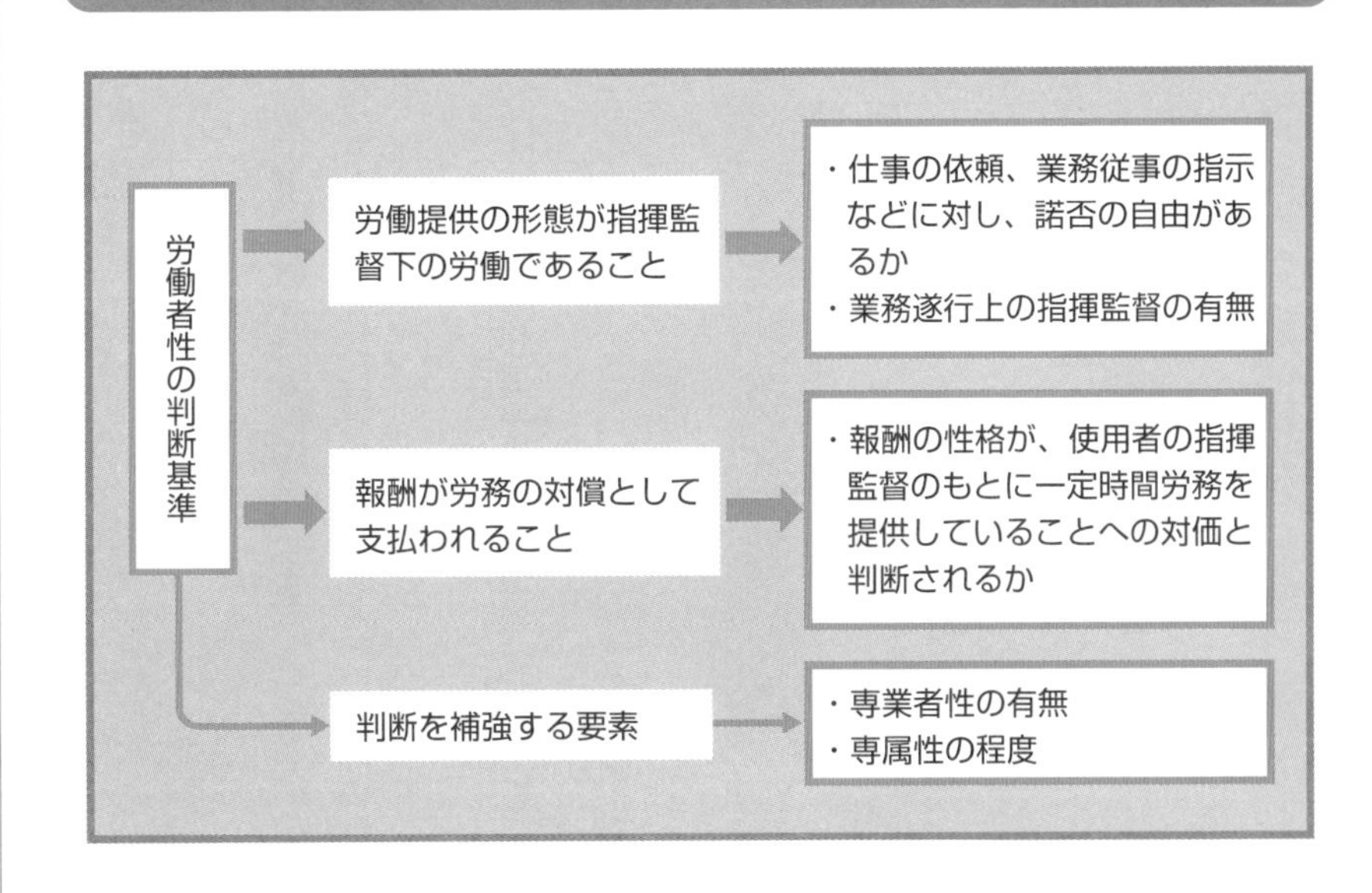

【法定労働時間が適用されるケース】　外国人技能実習生、6次産業化に取り組む商業や製造業、主たる業務が何かにより事業場の業種が判断されるケースでは、時間外・休日労働の発生には労使間による36協定の締結、労働基準監督署への提出が必要となる。

10 農業分野に進出する大手旅行会社

コロナ禍により需要の大幅な減退が生じている観光と旅行の関連業界では、大小を問わずほとんどの企業が、非旅行業分野への進出やDXの取り組みによる経営革新などで生き残りを図ろうとしています。とりわけ農業分野への進出を図る旅行会社が増えています。

●地方自治体との連携協定

二〇一九年一二月に始まったコロナ禍は全世界の観光・旅行業を直撃し、本書執筆時点で第八波を数えるまでに長引き、大手旅行会社においても、企業存続をかけた大改革に着手せざるを得なくなりました。各社とも、「非旅行業」あるいは「脱旅行業」として、これまでの経営資源と強みを活かす形で**ソリューションビジネス**＊などへの取り組みを強めています。

新しい取り組みとして、旅行会社が地方自治体との間で、観光客誘致や地域産品の販路拡大など、いわゆる地域ソリューション事業として連携協定を締結する事例が増えてきました。地域農業の振興も、そういった地域ソリューションの一つです。

●JTBとJA全農との連携協定など

JA全農は二〇二一年四月一日に、JTBとの間で農業労働力支援事業の連携協定を締結しています。JTBは前年から試行的に大分での農作業研修や愛媛でのイヨカン収穫作業などに取り組んできました。特に愛媛では六軒のミカン農家へ社員三六人の労働力を提供して収穫作業などを行っています。全農県本部や地域のJAが農家の労働力需要を取りまとめ、JTBは全国の支店を通し、ホテルや旅館、バス会社から人材を募りアルバイト雇用した上で農家に労働力を提供する——という仕組み。これを機会に、JTBでは農作業受託事業に本格的に取り組むことを決定しています。

＊**ソリューションビジネス**　顧客である企業が抱えている課題を分析し、それを解決するために必要なシステムを構築したり、サービスを提供するビジネス。

●農業分野への人材派遣

地方の自治体との連携では、HISが二〇二一年に山形市など三市との間で、観光と農業の振興について の連携協定を締結しています。山形市との協定では、HISの海外六一カ国の拠点を通じて観光資源や農作物など山形ブランドを発信し、訪日外国人の誘致や市産品の販路拡大に取り組む計画です。

HISではさらに、新たな事業領域への進出として農業分野への人材派遣業*も開始しています。繁閑の差が大きい農業で、生産者には繁忙期のみ働き手を派遣し、働き手には季節ごとに繁忙期が異なる他の地域を通年で組み合わせることで良好な待遇を提供する〝農繁期産地間リレー派遣〟というサービスで、新規参入を図ろうとしています。計画では、コロナ禍の入国制限が解除された際には、HISが持つ海外六一カ国の現地法人と連携し、世界各地から日本全国の農業生産者のもとへ、働き手となる人材を斡旋（あっせん）・派遣し、日本の農業の活性化につなげ、旅行会社としての新たな事業にしたいとしています。

JA全農山形 × JTB × JALの取り組み事例

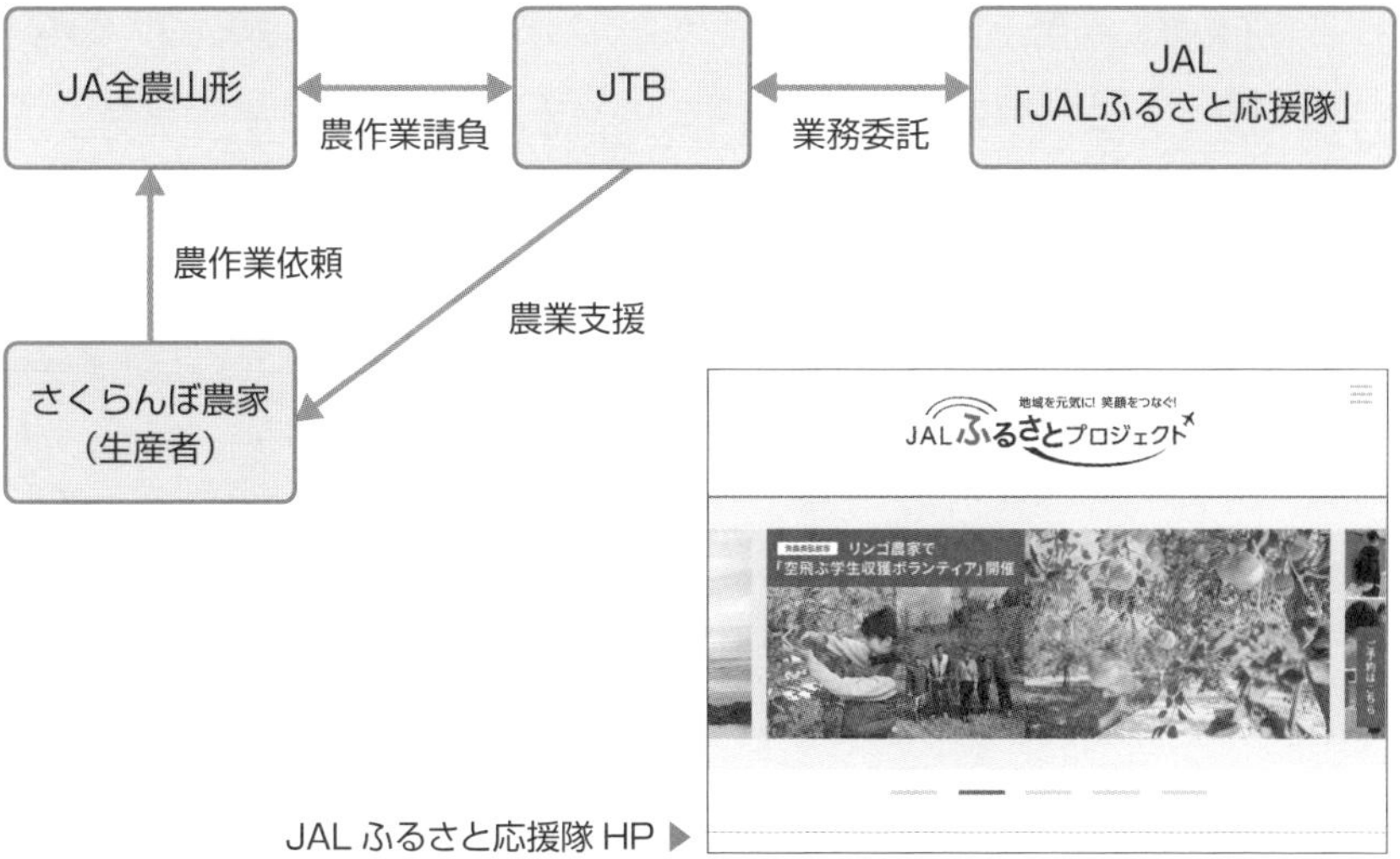

- JA全農山形 ⇔ JTB：農作業請負
- JTB ⇔ JAL「JALふるさと応援隊」：業務委託
- さくらんぼ農家（生産者）→ JA全農山形：農作業依頼
- JTB → さくらんぼ農家（生産者）：農業支援

JALふるさと応援隊HP ▶

＊（HISの）農業分野への人材派遣業　子会社（株式会社グリーンオーシャン）　https://greenocean.jp/

起業支援プラットフォーム「イナカム」

農水省では2019年10月から、デジタル技術を活用した新たな農山漁村の活性化策の形を目指し、オンライン上で起業者間の情報交換や専門家への相談ができるウェブ起業支援プラットフォーム「INACOME（イナカム）」をスタートさせています。イナカムでは、農山漁村における豊富な資源とやる気あふれる人材、そして必要な資金を組み合わせ、農山漁村地域に新たなビジネスを生み出すことも目的としています。このプラットフォームは農業DXを推進するプロジェクトの一環として、「お金ではない形」で行政が起業者を全面的にサポートし、地域資源を活かしたビジネス創出を促進することで、地域経済を確立しようというのが狙いです。

現在、農山漁村地域における起業については、多様な地域資源を活用しての事業機会がたくさんある一方で、「身近に相談できる人がいない」、「地域との橋渡し役を果たすコーディネータがいない」などの課題もあるため、それらをWEB上で解決しようという狙いもあります。21年度にはビジネスプランのコンテストが行われ、あらゆる地域資源（農林水産物のほか、古民家、文化・歴史、森林、景観など）を活用し、多様な事業分野（健康医療、観光などのアイデアが募集されました。さらに、インパクトのある新事業を創出した起業家やスタートアップ企業等を表彰する「日本スタートアップ大賞」の募集も行われています。

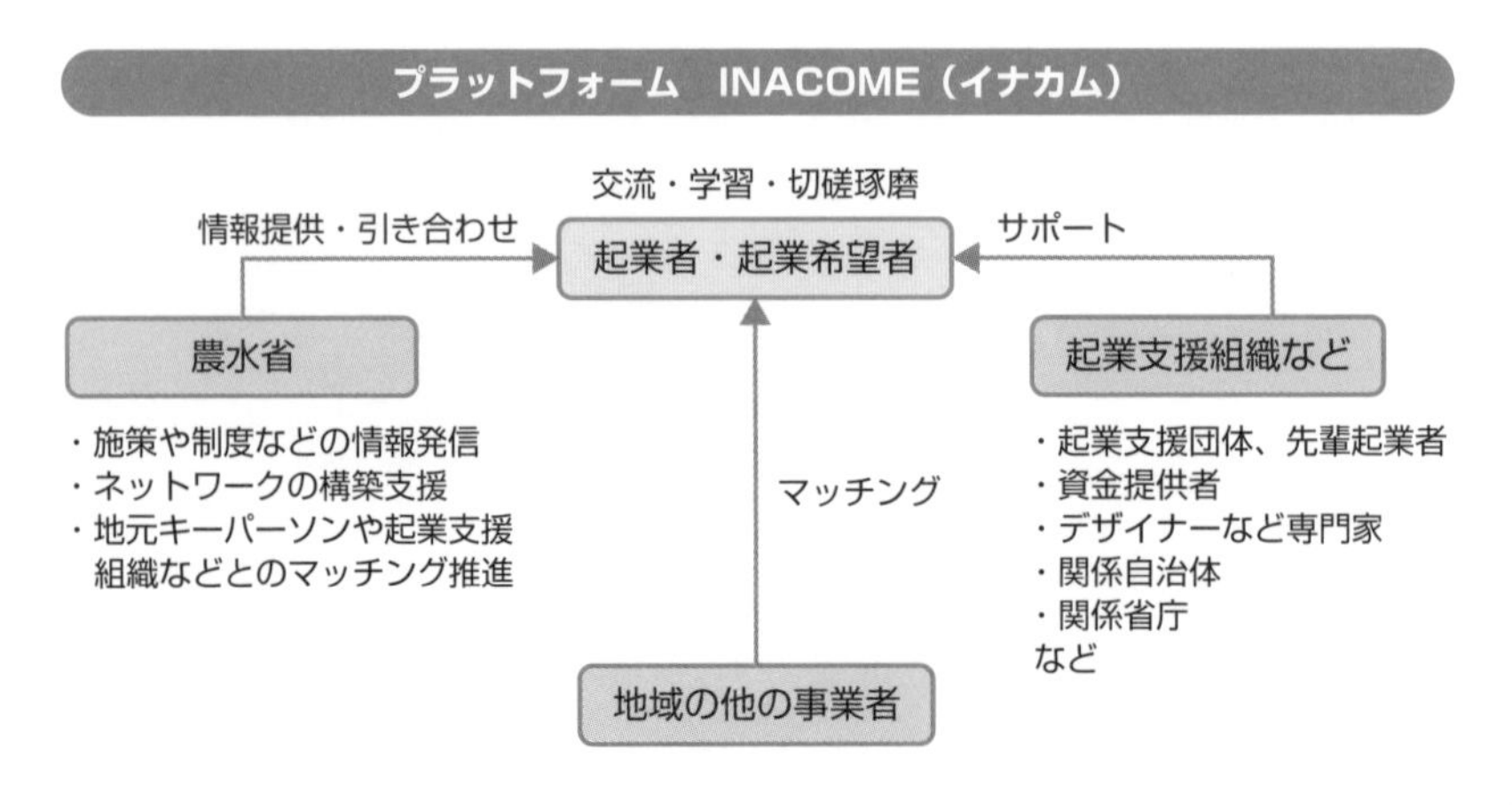

第4章

スマート農業と食の技術革新

近年、「スマート農業」と呼ばれる農業の技術革新がめざましい発展を遂げています。日本の農業では、担い手の高齢化が急速に進み、労働力不足が深刻になってきています。そのため、農作業においてもロボット技術やGPS、センサー、ドローンなど最先端の工業技術が使われ始めています。さらにはビッグデータの取り組みもなされてきました。ICTを活用しながら省力化や農作業の軽労化、農産物の高品質化を目指そうという動きになってきました。

また、食品産業においては食品衛生法の一部改正に伴う「HACCP義務化」などによって、トレーサビリティ実現のための新たなテクノロジー導入の必要性も高まってきました。さらに、付加価値の高い製品の製造への転換も求められており、それらを根底から支えているのが、食の技術革新(フードテック)と呼ばれる新しいトレンドです。

1 スマート農業とは

スマート農業は、これまでの農業技術に対して最新の情報通信技術を連携させることで、農業生産における効率化や農作物の高付加価値化を目指し、さらには高い農業生産性とコスト削減、食や農における労働の安全などを実現するものになっています。

●離農者の増加

スマート農業については、「ロボット技術やICT*などの先端技術を活用し、超省力化や高品質生産等を可能にする新たな農業」と定義され、農機メーカーやIT企業などで、技術開発が進められています。

その背景には農業就業人口の減少と高齢化があります。

農業就業人口は、一九九五(平成七)年には四一四万人でしたが、いまや半減以下の二〇〇万人を割り込む状況にあります。農業者の平均年齢も近年では六七歳を超えるほど高齢化し、離農者の増加に歯止めがかかっていません。

●農業経営体の変化と規模の拡大

そのような中で、経営体がこれまでの家族中心型から法人型に移行すると共に、経営規模の拡大から、農作業におけるより一層の省力化が求められるようになりました。

また、農地法等の改正により、民間企業の農業参入が容易になったため、法人経営体が増加すると共に、新規農業者の中から「他産業での省力化のノウハウを農業でも活かそう」という動きが出てきています。さらに、経営体の規模も拡大し、より高い効率性を追求するため、技術革新に向けての研究費や投資を増やしてきたことも、スマート農業化の要因として挙げられます。

*ICT 「Information and Communication Technology」の略称で、日本語では「情報通信技術」と訳されている。

●生産管理から販売管理まで

最近、播種（はしゅ）から収穫まで農業生産活動全般にわたるスマート農業の製品やサービスなどが登場してきました。例えば農機では、GPS*付きで自動運転により農地を駆け巡る耕運機とか、圃場の気温や湿度、水位等の環境データをセンサーでモニタリングする機械、農薬や肥料を散布できるドローンなどが実用化されてきています。さらには、農作業の軽減化を図り、農作業における物理的な労働力の負荷を下げ、生産性の向上につなげるために、農業ロボットやアシストスーツといったものまで開発されています。

また、収穫後の流通・販売活動の工程でも、「生産管理システム」に連動する「販売管理システム」などの技術が開発されています。

これらはいずれも、ICTやAI（人工知能）、ロボット技術などを適宜組み合わせて開発され、スマート農業の一角を担っています（4-7節、p.99参照）。

スマート農業のイメージ

出典：農水省ホームページより

＊GPS　グローバルポジショニングシステム（全地球測位システム）。米国によって運用される衛星測位システムを指す。

2 スマート農業の市場規模

スマート農業の実現にあたっては、現場段階においても、ロボットの開発や人工衛星などを活用した「リモートセンシング技術」*、あるいはクラウドシステムなどのICTを活用した技術革新が進められています。

●スマート農業の市場

スマート農業実現のためのソリューションや精密機器、ロボットなどをスマート農業の市場と呼び、市場規模の算出に当たっては、通常、農業向けのPOSシステムやコンピューター搭載の農機、農業用ドローンなどは含まれませんが、各種支援のソリューションやクラウドなどのシステムなどが含まれています。

具体的には、栽培や販売、経営の支援ソリューション、**GPSガイダンスシステム***や自動操舵（そうだ）装置などが付いた精密農機、車両型やアーム型のロボットシステムなどの市場が対象とされ、矢野経済研究所の調査では二〇一六年度の国内市場規模は前年度比一〇七・二％の一〇四億二〇〇〇万円になっています。

●各種ソリューションの拡大

栽培支援ソリューションとしては、インターネットを使ったモニタリングシステムによる圃場管理とか、制御システムによる作物の最適な生育環境の管理（コンピューターシステムによる換気や冷暖房、CO_2排出量管理、スクリーンや照明などの制御、また肥料の用量を含む水の供給の制御）などが伸びています。

さらに、農作物の仕入れから原料および加工品の在庫管理、受注・出荷・売上管理など農産物の加工販売をクラウド上で管理する販売支援ソリューション、会計業務や「収入保険制度」に活用されるシステムなどの経営支援ソリーションといった市場も伸びています。

＊**リモートセンシング技術**　「物を触らずに調べる」技術のこと。人工衛星に専用の測定器を載せて観測することなどを**衛星リモートセンシング**という。

●精密農業とロボット

スマート農業を実現するためには、農業機械において情報通信プロトコルの共通化や標準化が重要になってきます。とりわけ様々なビッグデータを共有・活用するものとして、「農業データ連携基盤」の活用や、「準天頂衛星システム」からの高精度の測位情報を活用し、他の衛星の画像や気象・地形・地質などの変化の多様なデータと組み合わせたような技術の発展に期待が寄せられ、それと連携する農機の市場が広がっています。

精密農業では、例えばGPSガイダンスシステムや農機の自動操舵装置、農機の完全無人運転、複数機による作業などができるシステム（精密農業）により、これから法人型経営が一般化し、熟練者が非熟練者を指導して営農を実施する形になれば、さらに普及が進んでいくと期待されています。農業用ロボットでも、アーム型ロボットによる果実収穫ロボットなどが開発され、実用化が進めば、さらに市場拡大が期待されます。

新世代農業用機械「アイガモロボット」

全長50cm×幅45cm×高さ50cmで、ボディはアルミ製。幅広のキャタピラで田んぼをかき混ぜる。

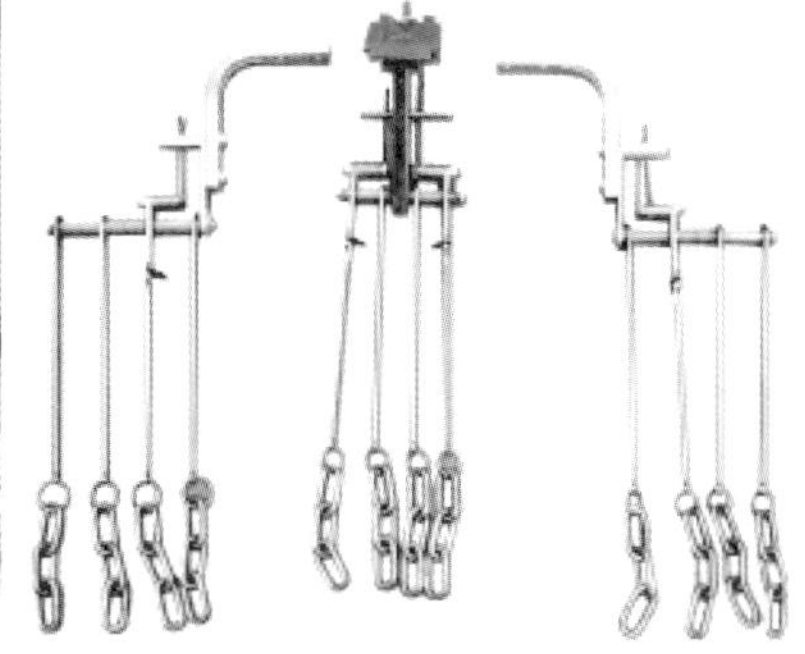

付属のチェーンで、稲間に生えた雑草を処理する。

農水省ホームページより

＊**GPSガイダンスシステム**　GPSは、カーナビゲーションのほか、近年はスマートフォンなどにも導入されている。農業においては、トラクターガイダンスシステムや施肥作業などで活用され、将来的には精密農業や農作業のロボット化などへの展開も期待されている。

3 スマート農業の事例

農水省が毎年発表している「農業技術十大ニュース」の中で、二〇一七年からは、スマート農業のカテゴリーに含まれるものが四つ選ばれています。この節では、その四つ（二〇一七年のもの）をまず紹介したうえで、その他の事例についても紹介します。

●自動運転田植機

国立研究開発法人農業・食品産業技術総合研究機構（以下「農研機構」）では、初心者でも熟練者並みの田植え作業が可能な自動運転田植機を開発しています。独自開発の操舵システムにより、高速旋回と高精度直進作業を実現したもの。農繁期に必要となる人員を削減することが可能で、営農規模の拡大に寄与することが期待されています。

開発機は、自ら判断した走行経路に沿って無人で往復行程の田植えができるものです。従来はオペレータと苗補給者の二人が必要だった田植え作業が、一人で簡単にできるようになるため、自走車両全般の自動運転技術として活用が期待されています。

●高能率な軟弱野菜調製機

農研機構は、株式会社クボタ、株式会社斎藤農機製作所と共同で、ホウレンソウを対象とした高能率軟弱野菜調製機を開発しています。

軟弱な葉菜類、特にホウレンソウは、調製・出荷作業が全作業時間の約六割を占め、人手不足が進む中、規模拡大を妨げる要因の一つとなっていました。これまでの機械では四名での作業が前提でしたが、開発機では二名による作業でも連続した調製作業が可能になりました。作業能率も、これまでの機械では一人当たり一時間に約五七〇株でしたが、開発機では最大で約九〇〇株と、一・五倍にアップしています。

●自動運転ボートロボット

水田での防除における作業効率化のため、近年、**水田防除用ラジコンボート***の普及が進んでいます。しかし、従来のボートは作業者による遠隔操縦で水田上を滑走し、船底から薬剤を散布しますが、船体が水面上に浮遊し、風が存在し、走行跡が残らない状況下で水田上をムラなく滑走させるには、高度な技術を必要としています。また、目視による操縦では作業中に畦畔への衝突の危険性もあります。北海道大学は、高精度の自動運転が可能な水田防除用のボートロボットを開発。防除作業の省力・省人化が期待されています。

●タマネギの新省力収穫・調製体系

香川県農業試験場は、香川県中讃農業改良普及センター、株式会社ニシザワ、株式会社和田オートマチックスと共同で、青切りタマネギを省力的に収穫・調製する機械化体系を開発しました。この技術を用いることで、経営規模拡大が期待されています。

2022年度農業技術10大ニュース①

農水省の農林水産技術会議では、毎年、1年間に新聞記事となった民間企業、大学、公立試験研究機関および国立研究開発法人の農林水産研究成果のうち、内容に優れると共に社会的関心が高いと考えられる成果10課題を、農業技術クラブ（農業関係専門紙・誌など30社加盟）の加盟会員による投票を得て選定している。

※公式HP　https://www.affrc.maff.go.jp/docs/10topics.htm

TOPIC 1　畜産

メタンの産生が少ない、牛に特徴的な新種の細菌を発見
－げっぷ由来メタンの排出削減に期待－

*** 水田防除用ラジコンボート**　水稲における除草作業では、全国各地でドローンによる散布が進んでいるが、ドローンより安価で、手軽に除草作業ができるラジコンボートの開発が進んでいる。基盤整備後の大区画圃場などでの活用が広まっている。

●アグリノート

総務省が二〇一四年から実施している「異能vationプログラム」において、二〇一七年度に新設された「ジェネレーションアワード部門」では、「農業・漁業・林業などの第一次産業と流通」という分野でのアイデアや技術などが選考の対象に加えられていますが、二〇一七年度は、新潟市に本社がある**ウォーターセル**＊株式会社と**NECソリューションイノベータ**＊株式会社が開発した「アグリノート」が選ばれています。

ウォーターセルが提供する農業ICTツール「アグリノート」とNECソリューションイノベータが提供する「NEC GAP認証支援サービス」が連携したもので、二〇一七年から提供が開始されています。

仕組みは、GAPの「点検項目」に対する「実践・記録情報」としてアグリノートの記録を活用するというものです。農業ICTツールの「アグリノート」は、農場を航空写真マップで可視化し、農作業および圃場の管理やスタッフ間の情報共有をサポートする営農支援システムになっています。

●NEC GAP認証支援サービス

「アグリノート」は、PCブラウザのほか、専用のアプリを利用することで、スマートフォンやタブレットからも農作業記録や作物の生育記録の入力・閲覧ができる仕組みになっています。

連携している「NEC GAP認証支援サービス」は、農業生産工程管理（GAP）に取り組む生産者や生産者団体を支援するサービスで、二〇一七年一月から提供を開始しています。

このサービスでは、農業生産活動に伴う様々な情報を「実践・記録情報」としてGAPの「点検項目」に関連付けて整理し、農業生産活動における各点検項目の実施状況を可視化することで、GAPの取り組みにかかる生産者の負担を軽減し、農業生産活動およびGAP認証の取得に向けた改善活動の両立を支援するものです。

＊ウォーターセル（株式会社） https://water-cell.jp/
＊NECソリューションイノベータ（株式会社） https://www.nec-solutioninnovators.co.jp/
＊（株式会社）トプコン https://www.topcon.co.jp/

●トプコン　精密農業システム

一九三二年九月に、陸軍省の要請で、服部時計店精工舎の測量機部門を主体に、勝間光学機械製作所のレンズ工場施設を買収して設立された**トプコン***は、一九八九年に、東京光学機械株式会社から株式会社トプコンに社名を変更し、測量・GPSシステム製品、眼科向け医用機器を中心とした総合精密機器メーカーとして発展してきました。

現在の農業においては、土木施工で培った**GNSS***を利用した自動制御技術を農業分野へ応用し、農機の自動化・IT化を実現し、スマート農業システムを実現しています。さらに種まき、肥料・農薬の散布、収穫などの作業を最適化し、生産高を最大限に高めると共に、ICTにより計画から収穫までの営農サイクルの効率化を可能にしています。

さらに、生育状況を非接触で計測し、リアルタイムで肥料散布量を調整するレーザー式生成センサーなどを開発しています。

2022年度農業技術 10大ニュース②

TOPIC 2　肥料

植物性プラスチックのリサイクルで肥料を製造
－再利用工程で発生する尿素を肥料として有効活用－

TOPIC 3　畜産

豚熱とアフリカ豚熱を迅速・同時に判別！
－検査効率の大幅な向上で防疫に貢献－

TOPIC 4　スマート農業

土壌病害診断 AI アプリを開発
－圃場ごとの発生しやすさに応じた対策法を提示－

＊GNSS　Global Navigation Satellite Systemの略。全球測位衛星システムのこと。

大規模農地で活躍する新技術

北海道に多く見られる広大な農地では、作物の成熟状況などを人間の目で監視することはなかなか難しいため、衛星画像などによって作物の成熟状況を把握したり最適な収穫時期を判断したりするシステムが開発されています。

●無人飛行機（ドローン）の活用

近年、多方面で活発に活用されている**ドローン***を農業にも活用していこうという動きがあります。ドローンに赤外線カメラとデジタルカメラを搭載し、農地の撮影を行い、GPSから得られる経度や緯度の位置情報と合わせながら、立体画像に変換するシステムなどが実用化されています。

これにより、作物の葉の色の微妙な違いから、窒素含有量や光合成の量を測定し、成長状態を把握しながら、効率的な施肥・農薬散布や適切な収穫時期の掌握を行い、さらには農地の状況に応じて作業を適切に組み合わせるなどの工程管理にも活かしていこう、という取り組みが行われています。

●クボタスマートアグリシステム

農機具メーカーのクボタでは、新たな営農支援システムとして「クボタスマートアグリシステム」（KSAS）を開発しています。

このシステムは、ICT（情報通信技術）とGIS（地図情報システム）を活用して、クボタの農機の稼働情報と農家の圃場・作業・収穫といった情報を連携させ、様々なデータを一元的に管理し、「見える化」を図って、農業経営の改善を可能にするというものです。基本的な構成としては、システムとの情報連携が可能な農機、圃場での作業確認と情報の送受信ができるモバイル端末、そして基幹のクラウド環境の三つで成り立っています。

＊ドローン　無人航空機のこと。英語のdroneには「羽根の音」という意味がある。

●農業IT管理ツール「豊作計画」

トヨタでは二〇一四年から、自動車製造事業で培ってきた生産管理手法や工程改善ノウハウをもとに、農業IT管理ツール「豊作計画」のクラウドサービスでの提供を行っています。

これは、米生産農業法人がスマートフォンやタブレット端末から簡単に利用できるシステムです。地図上に登録された多数の水田で複数の作業者が効率的に作業できるように、日ごとの作業計画が自動的に作成され、かつこれを現場へ向かう個々の作業者のスマートフォンに配信します。そして、作業の開始・終了時にスマートフォンのボタンを押すことで、共有のデータベースに情報が集まり、広域に分散する農作業の進捗の集中管理、作業日報や請負先へのレポートの自動作成も可能になります。稲品種、稲作エリア、肥料条件、天候、作業工数、乾燥条件等の作業データなどをもとに、収量、品質データを蓄積し分析することで、より低コストで美味しい米づくりに活用できるシステムになっています。

2022年度農業技術10大ニュース③

TOPIC 5　畑作

新たな道を切り開く「みちしずく」

－基腐病に強く、多収の焼酎・でんぷん原料用かんしょ新品種を育成－

TOPIC 6　野菜

振動でトマト害虫を防除

－コナジラミ類の発生抑制・トマトの授粉促進による安定生産へ－

TOPIC 7　スマート農業

ウンカ発生調査　AIで大幅時短

－目視では1時間以上の調査時間を3～4分に短縮－

5

農のベンチャー企業

証券市場においては、「農業IT化関連銘柄」という分野で、スマート農業に関連するベンチャー企業への注目が集まっています。

●オプティム

オプティム＊は佐賀大学農学部、佐賀県生産振興部などとの産学官連携で農業のIT化を推し進めている会社です。自社の持つIoTやドローン、ネットワークカメラ、ウェアラブルデバイス、ロボット技術などのノウハウを提供し、グローバル農業の育成に注力する取り組みを行っています。

ドローンの活用では、上空から農地をデジタルスキャニングし、そのビッグデータを解析する「Sky Sight」で、データの蓄積を行い、蓄積されたビッグデータを解析して病害虫の早期発見や生育管理を手軽に行えるようにすることで、人材不足の解決と効率的な農作業を目指しています。

●ネポン

農業クラウドサービス、PC・スマートフォン対応の**ネポン**＊は、NECと共同で、農業用のクラウドサービスの開発を行っている会社です。ハウスをモニタリングするサービスなど、農家を助けるための機能を提供しています。

同社の「アグリネット」では、ハウス環境の「見える化」として、ハウス内の室温はもちろんのこと、湿度、照明やCO_2濃度といった様々なデータを可視化することで、農作物に最適な環境を実現します。また、スマートフォンやパソコンで状況を見ることができるため、作業の効率化を図ることができます。

＊（株式会社）オプティム　https://www.optim.co.jp/
＊ネポン（株式会社）　https://www.nepon.co.jp/

●農業総合研究所

農業総合研究所＊は農業×ITベンチャー企業として、二〇〇七年に和歌山市で設立され、二〇一六年に上場しています。農家の直売所事業や農産物流通事業を中心に展開し、上場を機に農業コンサルティング事業にも力を入れています。農家や農業を扱う企業に、農業IT化や農業IoT技術を交えたコーディネイト、コンサルティングなどを行っています。

「農家の直売所」は、同社が提供する流通システムです。全国の生産者および農産物直売所と提携し、同社の集荷施設で集荷した新鮮な農産物を、都市部のスーパーマーケットを中心としたインショップ形式の直売所で委託販売するためのプラットフォームを提供しています。

これにより生産者は、農産物を規格にとらわれず自由に生産し、自ら販売価格や販売先を決めて出荷することができます。農産物出荷による所得拡大、そしてこだわりをもって生産した農産物を〝顔の見える〟形で生活者に届ける流通を実現し、急成長しています。

2022年度農業技術10大ニュース④

TOPIC 8　農薬

超音波を活用したヤガ類の防除技術を確立
－開発した装置で農薬散布回数9割減－

TOPIC 9　果樹

リンゴ黒星病の発生低減に貢献
－リンゴの落葉収集機で効率よく9割除去－

TOPIC 10　スマート農業

急傾斜45度対応のリモコン草刈機
－強く、早く、小さい！　中山間でも安全作業－

＊（株式会社）農業総合研究所　https://www.nousouken.co.jp/

コア／AGP

ソリューションビジネスなどを展開しているIT企業のコアは、宮崎市に地元農業生産者との連携で一般農業法人コアファームを立ち上げました。その後、二〇一六年九月に、同じグループ会社の株式会社**アコード・システム**＊と合併し、ICTを駆使した農業として、イチゴの栽培・販売拠点の観光農園レイクサイドレッドファームを立ち上げました。観光いちご園を核とした六次産業化を推進し、地域農産物を利用した加工品開発などに着手しています。

成田国際空港など幹線空港において、航空機が必要とする電力や冷暖房を賄う動力事業などを行っている**AGPグループ**＊では、成田空港の近隣にある「ひかり工業団地」内において、完全閉鎖型工場で「ドクターベジタブル」の低カリウムレタスを生産しています。

植物工場は、太陽光を用いずに蛍光灯やLEDなどで栽培する「完全人工光型」工場で、環境を完全にコントロールし、低カリウムレタスを栽培します。

大和コンピューター

大和コンピューター＊では、ITで結ぶ農業「i-農業®」を目指して、二〇〇九年に静岡県袋井市にてメロン栽培からスタート。二〇一二年六月には同市内の八八〇〇㎡の耕作放棄地を整備し、七連棟のハウスを建設して、本格的な農業事業を開始できる農地および農業生産設備を確保しました。そして現在は、土を使用しない「少量ポット」による養液栽培法で、主にメロンとトマトを栽培。さらに、栽培の自動化に向けて、同社の得意とするIT技術により「統合環境制御システム」の構築を開始しています。

また、**RFID**＊（ICタグ）を利用し、農作物のトレーサビリティへの取り組みも始めています。

RFIDに記録された情報をもとに、消費者がECサイトで注文した農作物の「流通過程における管理状況」を確認できるシステムで、購入した農作物の生育状況や食べ頃なども把握できるようになっています。

＊**RFID**　ID情報を埋め込んだタグから、電磁誘導や電波を用いた近距離の無線通信によって情報をやりとりする技術。

「アシストスーツ」で重労働から解放されるか？

高齢化と担い手不足により、農業現場では労働力不足が深刻化しています。いま注目されているのが、農作業における重労働を様々な動力によって軽減する「アシストスーツ」です。

アシストスーツは、重量物の持ち上げ作業時や中腰での作業時における腰への負担を軽減する装置で、モーター式や空気圧式のものあります。素材もFRP（繊維強化プラスチック）製やゴム製などがあり、手頃な価格になってきました。

モーター式や空気圧式のアシストスーツでは、持ち上げ動作のタイミングに合わせてアシストが作動します。例えば、腰に電極を貼って脳からの電気信号を検知する方法や、指先にスイッチの付いた手袋を装着して持ち上げ時にスイッチを押す方法、呼気センサーを口元に付けて呼気で作動させる方法など様々です。

株式会社クボタでは、ウインチ型パワーアシストスーツを開発しています。これは重量物を運搬するときに用いるアシストスーツで、背中に背負ったウインチの力で約20kgまでのコンテナを吊り上げることができ、持ち手がウインチのスイッチになっていて、右手スイッチがアップ、左手スイッチがダウンといったように作動します。本体の重さは10kg程度で、着用するだけで疲れそうですが、アジャスターベルトという器具により腰でしっかり支えているため、それほどの重さを感じさせないといわれています。

コンテナを床から４段まで、軽トラックの荷台に２段まで積み上げることができるなど、果樹農家に喜ばれそうなアシストスーツです。

＊（株式会社）アコード・システム　https://www.core.co.jp/ac/
＊AGPグループ（株式会社エージーピー）　https://www.agpgroup.co.jp/
＊（株式会社）大和コンピューター　https://www.daiwa-computer.co.jp/jp/agriculture/

6 トレーサビリティと食品DX

食品業界においても、グローバル競争への対応や多様化する顧客ニーズから、品質の追求やコスト管理、労働人口の減少への対応として、DXによる課題解決が求められています。AI、IoTなどの先進技術を活用した食品DXを推進しようという動きが活発化しています。

●食品業界の課題

食品業界は、食品製造業、食品関連流通業、外食産業の三分野からなりますが、農水省の調べによれば、三分野を合わせた食品産業全体の国内生産額は約一〇〇兆円で、企業数は大小合わせて約八〇万社、従業員数は八〇〇万人を超えています。

人口減少による市場の縮小と労働力の不足が大きな課題となっています。さらに、海外に市場を求めると共に、新商品の開発やコストカットなどが求められています。また、グローバル化に伴いHACCP*が義務化され、確実な品質管理も求められています。

これらの課題を解決する手段として、食品業界のDXの推進が図られています。

●トレーサビリティと農業の関係

前記したHACCPの中では、食品会社に対し、「原材料を加工する際に、微生物による汚染や金属などの異物混入がないかどうか分析し、継続的に監視・記録すること」を求めています。

また、「食品の最終加工段階における衛生状態管理だけでなく、原料の原産地から食品加工地、食卓まで一連の流通経路などを明確にすること」として、トレーサビリティが求められています。

こういったHACCPの要請に応え、トレーサビリティも確保するには、原材料の供給元である農業においても食品業界と歩調を合わせた対応が必要で、農業におけるDXの必然性にもつながっているのです。

＊**HACCP**　ハサップ。Hazard Analysis and Critical Control Pointの略。原材料の入荷から製品の出荷までの全工程で、食中毒菌汚染や異物混入などのハザード（危害要因）を除去・軽減するための工程管理手法。

●食品ロスと食品DX

SDGsの視点から世界的な課題にもなっているのが、**食品ロス***への対応です。食品ロス削減を実現するにはデータの活用や周辺ソリューションとの連携が不可欠であり、DXによる解決を図りたい食品業界の課題の一つになっています。

具体的には、原料を原産地から仕入れ、食品加工所で製品化して流通させるまでの全過程における無駄の排除であり、まさしくトレーサビリティの実現なくしては達成できないことです。

今日、日本国内では五〇〇万トンを超える食品ロスが発生しているとされ、環境面はもとより企業の収益性に与える影響も大きくなっています。

解決の糸口として期待されているのがDXによるトレーサビリティの実現であり、原材料の生産からその調達、加工、流通、消費までのサプライチェーン全体の透明性を高めるという意味で、一貫したシステムを構築し、ロスの発生量を共通のデータとして把握できる仕組みが必要になるのです。

トレーサビリティの概念図

情報の追跡
情報の追跡
流通段階
生産段階
物の流れ
情報の流れ
物の流れ
情報の流れ
小売段階
加工段階
情報の遡及
情報の遡及

出典：JAふくしま未来

***食品ロス**　まだ食べられるのに捨てられてしまう食べ物や、売れ残りで廃棄される食品のこと。地球環境にも悪影響を及ぼすことから、削減のために様々な取り組みが行われている。

7 流通・加工の構造改革とは

攻めの農林水産業の展開と輸出力の強化については、生産者が卸売市場関係業者や米卸売業者、量販店などと、有利な条件で、かつ安定的に取引を行うことができるよう、流通・加工業界の構造改革とDXの必要性が叫ばれていました。

●流通・加工構造の現状

今日の日本において、農林水産物・食品の流通・加工の市場構造は、「国内で生産された農林水産物に、その額を上回る輸入品の食用農林水産物を加え、流通・加工の各段階にかかる加工経費、**中間マージン**＊、運賃、調理サービス代などが付加され、最終的な消費市場に流れ、その規模は八〇兆円近くにのぼる」という形になっています。

そして、農産物については、流通の過程において多くの事業者が存在し、全国の消費者のもとに様々なものが新鮮な状態で日々届けられていますが、一方で、それにより**流通コスト**＊が過大になってしまうという問題を抱えています。

●中間流通の合理化

流通コストの削減のためには、卸売市場等の中間流通の合理化と、農業者や農業者団体から消費者への直接販売ルートの拡大などが必要になっています。

現状の農産物の販売方法では、直売所やインターネットを活用して小さいロットでも消費者や実需者に直接販売する仕組みや、卸売市場への出荷を通じて大きなロットで**中間流通関係事業者**に販売する方法などがあります。しかし、それぞれの仕組みにおいて、サービス内容や取引条件等の情報が不足しているために、農業者や農業者団体が有利となる販売方法を選択しようとしても、なかなか判断しにくい状況にあります。

【中間マージン】 中間マージン＝流通コスト＋仲介手数料など。
【運送コスト】 農産物を運ぶコスト(運送費、仕分け、包装費など)。
【流通コスト】 運送コスト＋その他の多くのコスト(在庫調整、決済、回収など)。

●卸売市場の合理化

日本の卸売市場は、生産者からの集荷・分荷機能や代金決済機能を備え、生鮮食料品等の円滑な流通には多大な貢献をしています。しかし、流通形態の多様化が進む中で、生鮮品の割合が多い国産青果や花きはまだ市場経由率が比較的高いものの、加工品などは卸売市場を経由しない傾向が強まりつつあります。

また、米卸売業についても、主食用米の需要量が毎年減少する中で、全国にはまだ二六〇以上の卸売業者が存在し、過当競争になっています。

一方で卸売業者は、仕入れた玄米を精米して販売するなど、コストの割に付加価値を生み出しにくいため、薄利多売により経営基盤が安定しないという状況にもあります。

このような状態を改善するため、「農業競争力強化プログラム」では、卸売市場関係業者や米卸売業者などの中間流通について、抜本的な合理化を推進することを掲げています。

中間流通関係事業者（サプライチェーン）

「サプライチェーン」は、もともと日本語では「供給連鎖」と訳され、原材料・部品などの調達から、生産、流通を経て消費者に至るまでの一連のビジネスプロセスのことを指します。ただし農業においては、産地と実需者をつなぎ、産地から購入した野菜の選別・調製・加工等を行って実需者に安定的に供給するだけでなく、加工・業務用需要に対応し得る産地を育成する機能を有する者（中間流通関係事業者）の総称となっています。

▼サプライチェーン（供給連鎖）の流れ

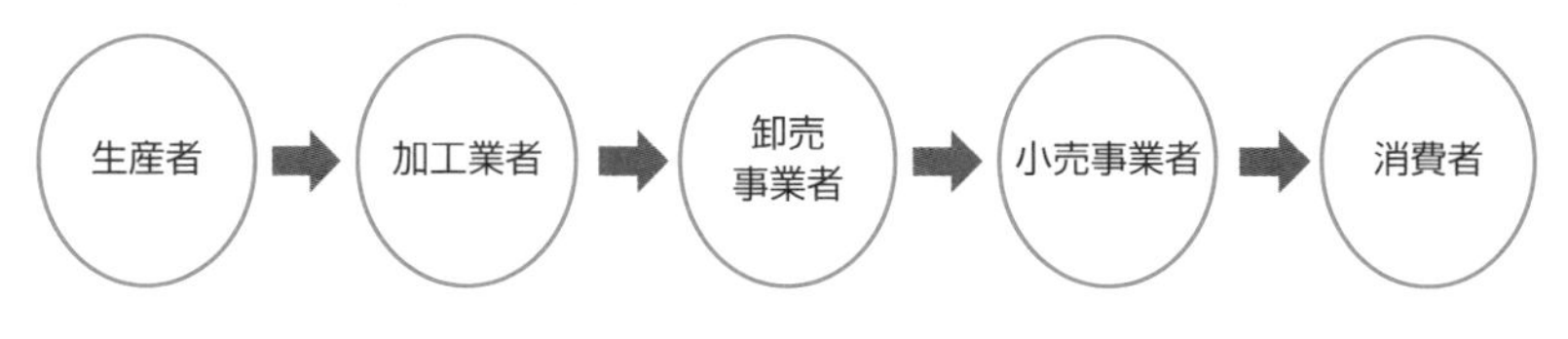

●小売業の事業再編など

食品小売業においても販売チャネルの多様化や食品スーパー同士の過当競争のため価格競争が激化し、農産物の生産者に対する価格的な要求も強まっています。そのため生産者は品質の高い農産物を再生産できず、食品小売業者も良質な農産物を継続的に仕入れることが困難になり、結果的に生産者と食品小売業者の双方が疲弊してしまう……という状況にあります。

しかし、大手量販店では、安売り競争だけでなく、効率化や高付加価値化などのサービス向上により顧客を確保するという、消費者ニーズに基づいた事業モデルへの転換を図る傾向も見られ、「農業競争力強化プログラム」においても、新たなビジネスモデルの構築に向けた事業再編や業界再編を推進することを組み入れています。また、優越的地位の濫用による買いたたきなど、生産者に不利となる量販店等の不公正取引については、公正取引委員会による徹底的な監視を行うこととしています。

●食品製造業の再編

国内の農林水産物の六割は食品製造業向けであり、食品製造業は農産物の需要先として極めて重要な産業になっています。しかし、加工原料とする農産物には輸入によるものも多く、国内の農産物は加工において原価率を上げてしまうという状況にもなっています。さらに、同じ食品製造業の中でも、製粉業や乳業などは生産性の低い工場が数多く存在し、製造コストの引き下げを図ると共に、国内産を活用した付加価値の高い製品の製造への転換を求められているところもあり、経営基盤の強化が求められています。

これらの業種についても業界再編や設備投資などを推進し、経営基盤を強化していくことで、農業の競争力強化に結び付けていこうとする考え方があります。そのため、「農業競争力強化プログラム」においては食品製造業について、生産性向上のための事業再編・設備投資などを促進することとしています。

●流通ルートの多様化への対応

六次産業化の取り組みやICT活用の進展によって、直売所での販売やインターネット通販など、農業者が消費者や実需者に農産物を直接販売する取り組みが広がっています。

直接販売は、農業者の顔の見える農産物を鮮度よく、手頃な価格で消費者に提供できるなど、農業者と消費者・実需者の双方にメリットがあります。農産物流通等の合理化を実現するため、農業者や農業者団体による消費者への直接販売を促進することが必要となっています。同時に、農業者の努力や創意工夫が消費者に適切に伝達されると共に、消費者のニーズも農業者に伝わるような、双方の情報交換ができる環境を、ICTを最大限に活用して整えていくことが求められています。

農業者は、自らの生産した農産物の強みを活かして高く販売する努力を行う一方で、不必要なコスト増要因を除去できるよう、仕入れ、販売戦略上の取り組みを行うことが求められています。

ICT活用農業

日本の農業を活性化するために、ICTの活用による農作物の栽培条件の最適化、農業技術やノウハウのデータ化・可視化が行われるようになってきました。それらを、生産性の向上および生産から消費までの情報連携に活かし、消費者のニーズに対応した農作物の生産や付加価値の向上に結び付けよう、という動きがあります。さらに、農機具類の自動化による省力化・効率化によってコストを下げ、収益の改善に結び付けることも期待されます。熟練農家の知識や経験、ノウハウといったものを知財化することで、今後の人材育成への活用も期待されています（本文80ページ参照）。

8 スマートファクトリーの実現

食品DXの活用事例としては、「スマートファクトリー」と呼ばれる次世代型生産工場の事例が増えています。スマートファクトリーでは、徹底的な省人化と自動化が行われ、ロボットの活用などによりヒューマンエラーの抑制や従業員の残業時間削減に成功しています。

●食品工場におけるヒューマンエラー

食品工場においては、人手不足によるリスクとして、「労働者の安全・衛生の低下」と「食品事故」が考えられています。

人手不足により労働者一人当たりの作業負荷が高まり労災が増加するリスクや、食中毒などの食品事故のリスクが高まることが心配されています。

さらには異物混入や原材料の品質チェックの不備で発生する食品事故もあり、食品衛生管理体制が立ち行かなくなる可能性も出てきます。

そういったリスクをなくすため、IoTシステムやロボットの導入などによる**スマートファクトリー**の実現が図られています。

●食品工場におけるIoTシステム

IoTシステムとは、工場内の機械やデバイスをインターネットに接続し、センサーから取得したデータを活用して、生産工程の効率化や自律化を図るソリューションです。食品工場への導入事例としては、生産ラインの保守作業の自動化や、稼働状況の可視化、温度記録表の自動出力、原材料の品質チェックなどが行われています。特にHACCP*の導入では、原料の受け入れから出荷までの流れを可視化するフローダイアグラムを作成し、現場で確認する体制を整えることが必要で、IoTシステムにより製造の流れを工程ごとにデータとして取得することによって、各工程の情報を正確に把握できるようになります。

＊HACCP　4-6節参照。

●食品ロボットの動向

食品産業においては、最終商品の形状やサイズ、微妙な風味や食感の違い、食材の特質や加工の多様性などから、製造ロボットの導入についてはやや遅れをとってきました。しかしながら近年は、人手不足からロボットの導入に取り組む食品メーカーも増えてきました。

食品分野で最も早く導入されたロボットは、外食産業の回転寿司チェーン向けの寿司ロボットした。今日ではスーパーマーケットやコンビニなどの持ち帰り商品の製造現場にも導入されています。

多関節形のロボットは、水産加工メーカーではさつま揚げなどの魚肉練り製品の製造に、食肉加工メーカーではナイフを把持させて骨と肉をさばく作業に導入しています。食品製造現場には、無菌状態や低温下、高温下など製造環境に対応したロボットが導入されています。菓子製造では、**レオン自動機**＊株式会社が世界で初めて粘弾性物質に対応したロボットシステムを完成させています。

IBMスマートファクトリーの概念図

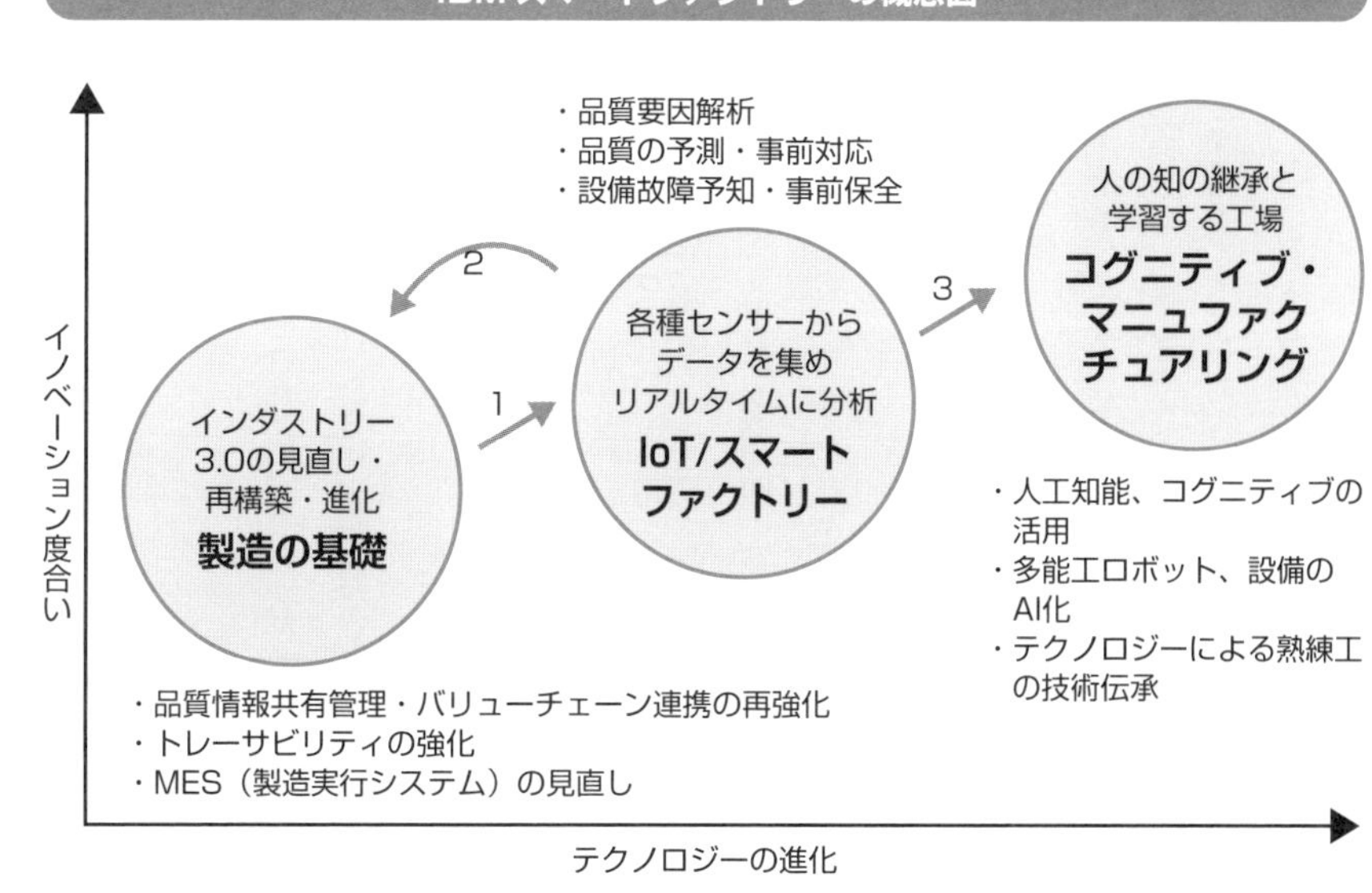

＊**レオン自動機（株式会社）**　菓子やパンなどの製造機械のトップメーカーで、饅頭（まんじゅう）やクロワッサンの自動成形機（システム）を開発した。同社の製造機械は海外にも輸出されている。https://www.rheon.com/

9 食品加工のトレンド

日本における食品機械の研究開発は明治初期に始まり、最初は製麺機からでした。その後、精米機、製粉機械などが開発され、農業の発展と共に、乳業機械や餅つき機械、お菓子の餡(あん)の製造機械などが開発されてきました。

●農業の発展と共に

食品の加工機械は、主として農畜産物や水産物を原料に加工処理し、多種多様な食品・飲料・調味料等を作り出すものです。原料・素材によって、大きく次のように分類されています――精米・精麦機械、製粉、製麺、製パン・製菓機械、醸造、牛乳加工、飲料加工、肉類・水産加工、製茶、豆腐製造、そして調理食品・飲料の加工機械、厨房機械など。

最近では、省エネ化やメカトロ化を前提にした鮮度管理・品質保持機械、食品衛生管理機器や装置、計量・包装、環境対策、分析・検査機器、輸送機器などと多様化し、製造から検査、計量、包装まで一貫した製造システムの機器も開発されています。

●分類別のトレンド

●製粉機械

製粉機械の歴史は古く、明治の後半にロール型の製粉機が製作されました。その後、小麦増産計画に備えて大型製粉工場が設立され、小麦の精選用・製粉用の機械が開発されています。近年は微粉砕の機械も開発されています。

●精米・精麦機械

大型精米工場での電子化・自動化が進み、白米の歩留まりを常時自動計測し、精米機の運転条件の最適化をコンピューターで自動制御するようになっています。

【明治時代の製麺機】 1883(明治16)年に佐賀県で真崎式製麺機(ロール麺機)が発明され、明治の後半になってミキサーも開発されている。しかし、真崎式製麺機の発明当時は電力が乏しく、モーターもなかった時代で、手回しの操作で麺が作られていた。

●製麺機械

日本でいちばん最初の食品機械は製麺機でした。麺製品の進歩により、製麺工程のみならず蒸し工程や揚げ工程なども含む大型システムへと進化してきました。「カップ麺」の登場後は、包装・印刷工程と連動し、精度・能力が向上していきました。

●牛乳加工機械

一八九七（明治三〇）年頃に真空蒸発釜などが国産化され、昭和に入り、牛乳の低温殺菌の義務化に合わせて、殺菌から瓶詰めまでの牛乳処理プラントが製造されています。一九七一（昭和四六）年以降は、連続式高温瞬間殺菌機や連続式真空蒸発釜などの新しい技術が導入されました。

●製菓・製パン機械

「自動包餡機」やパン生地の自動製造システム、チョコレート／キャンディーの製造機械、クッキーや煎餅などを成形する「自動成形加工機」、「自動コントロール型ミキサー」などがあります。

食品機械の分類

精米機械	精麦機械	製粉機械	製麺機械
製パン機械	製菓機械	醸造用機械	牛乳加工機械
飲料加工機械	肉類加工機械	水産加工機械	製茶用機械
豆腐製造機械	調理食品加工機械	その他食品および飲料の加工機械	

出典：日本標準産業分類より抜粋

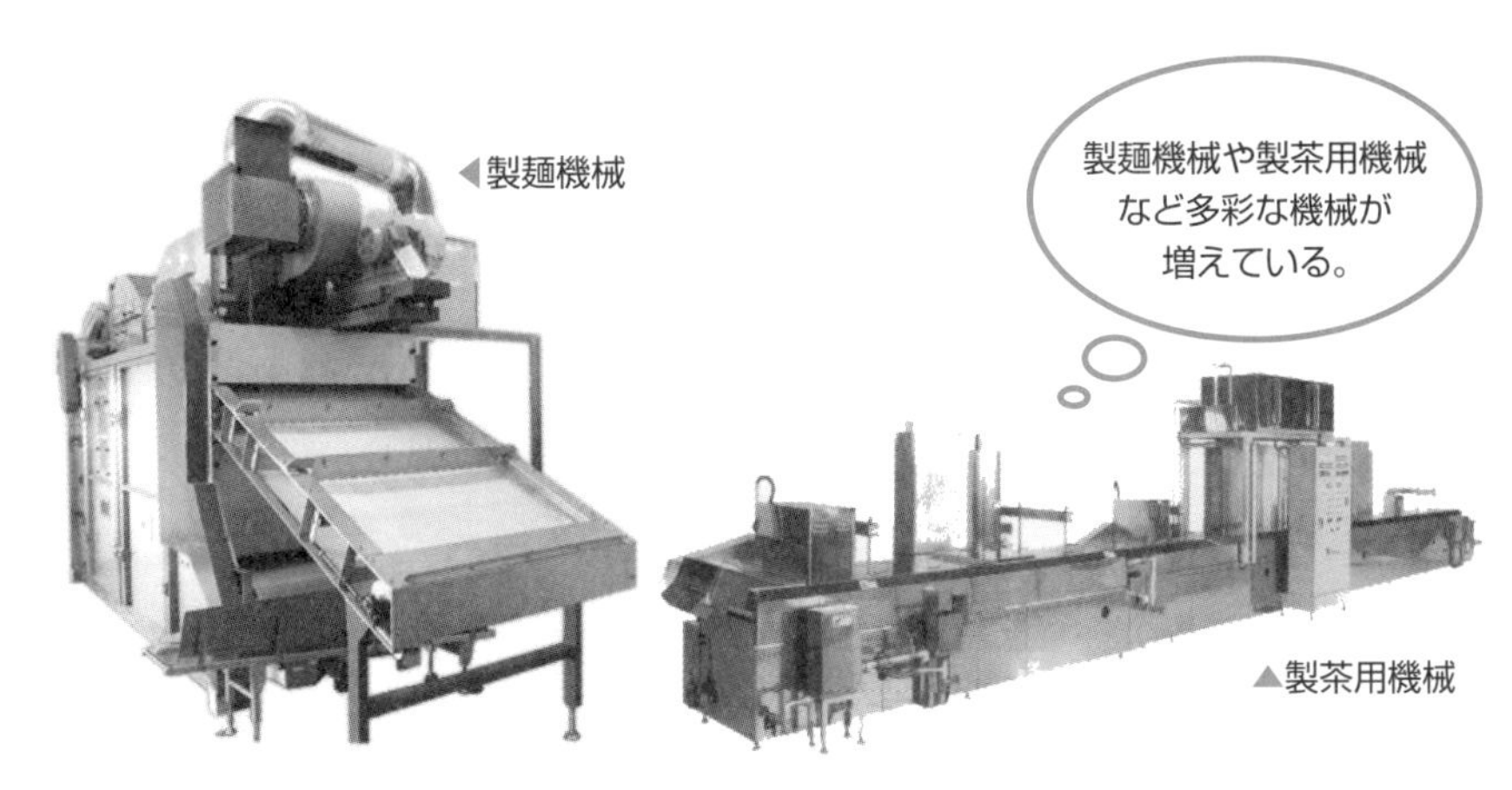

◀製麺機械

▲製茶用機械

●乳製品製造機械

乳製品では、従来の方法では不可能だった耐熱性芽胞形成菌を死滅させ、品質を低下させずに乳タンパク質を消化しやすくするなどして、長期保存牛乳の製造も可能になりました。また、アイスクリームフリーザなどの機械でも自動化が進み、大型化、システム化が同時に進んでいます。

●肉類・水産加工機械

食肉需要の増大に伴い、生肉、ハム、ソーセージ、ハンバーグなど畜産物の加工でも、解体から脱骨、成形、肉挽き（にくひ）、燻煙（くんえん）、肉製品の調理などの工程が次々と自動化・システム化されてきました。

水産加工においても、魚肉加工品の製造プラントとして、魚肉の砕肉機、裏ごし機、練り製品製造機械などが開発されてきました。

さらに冷凍技術も加わり、冷凍すり身の生産拡大にもつながっています。

●コロナ禍による影響

最近は食品製造分野でのロボット化が加速しています。背景の一つとして、食品加工の現場もコロナ禍で大きな打撃を受けていることがあります。緊急事態宣言による外出自粛の要請などにより、食品加工工場での操業停止や食品・飲料のサプライチェーンの中断などがあり、出荷量も激減しました。食品ロボットシステムは、食品・飲料産業における**ピッキング**＊、**パッキング**＊、**パレタイジング**＊など、様々な複雑な作業を行うために設計された機械で、無人化と生産性向上に対する需要の高まりから、プロセスを自動化するためのロボットの配備が進み、その結果、ロボットは食品製造業においても不可欠の存在となりました。

技術的には、製造の多品種対応を可能とする人工知能（AI）や画像処理技術の発達などがあり、コロナ禍での外国人労働者を中心とする人手不足の深刻化などもあり、コストに見合うロボットの導入なども可能となり、食品製造におけるロボット化の進展は一層加速するとみられています。

用語解説

- ＊**ピッキング**　仕分け、整列などの搬送作業。
- ＊**パッキング**　小箱などへの箱詰め・包装作業。
- ＊**パレタイジング**　出荷品をパレットの上に積み付けする作業。

●レトルト（加圧加熱）技術

日本企業が世界で初めて市場に登場させたのが、一九六八年に大塚食品工業が発表した「**ボンカレー***」です。それまでの缶詰に代わる新しい技術で常温流通と長期保存を可能にした商品として脚光を浴び、インスタント食品としても市場を広げていきました。

製造には**レトルト**と呼ばれる高圧釜を使用しますが、これは家庭用の「圧力鍋」のようなものです。通常の加熱では水や水蒸気は百度までしか上昇しませんが、レトルト釜では圧力を加えることにより、さらに高温での加熱処理が可能になりました。

ボンカレーのコマーシャルコピーは「三分間待つのだよ」――つまり保存性よりも、袋に入った商品を三分間温めるだけという簡便性がポイントになっており、手軽さを前面に打ち出すことで、インスタント食品の一種として広く普及していきました。

現在でも、カレー商品の売上高の三分の一以上はレトルトカレーで占められています。

レトルトパウチ（袋状の容器）の構成と品質保護

レトルトパウチのラミネートフィルムの基本構成

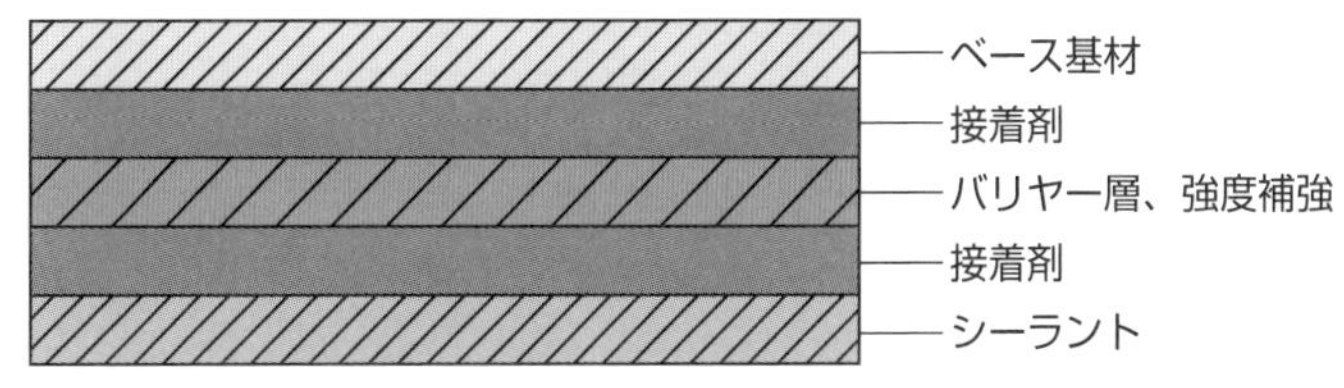

レトルトパウチの品質保護

守るべき中味の品質	包装の機能
風味低下防止のため中味の乾燥を防ぐ	防湿性、酸素遮断性
新鮮さを保つため微生物の侵入を遮断	レトルト殺菌、耐熱性
油の酸化防止	酸素遮断性

***ボンカレー**　1968（昭和43）年2月12日に、大塚食品工業から世界初の市販レトルト食品として発売され、ロングセラー商品となっている。

10 農商工連携にも活かせる技術

前節で紹介したレトルト食品のほかにも、圧力釜や真空調理器などによる圧力を用いた加工商品が多数あります。日本では一九九〇年に世界初の超高圧加工食品としてジャムが商品化され、その後、ジュースや無菌包装米飯が市販されています。

●高圧加工商品の事例

穀類などの低密度の物質を液体に浸透させて高圧をかけると、液体を内部まで均一に浸透させることができます。これを**高圧液体含浸***と呼びます。

高圧浸漬レトルトパック米は、米粒に高圧で水を含浸させたあとで通常の炊飯をしたもので、製精白米、玄米、八穀米などの製品が販売されています。米粒の中心部まで均一に水が染み込み、米粒全体が均一に糊（こ）化（か）されるため、電子レンジで加熱した場合、老化したでんぷんの再糊化が通常の浸漬米より優れています。また、玄米に高圧加工処理をした場合も、白米米飯に比べて消化性が向上するため、高齢者・病者用の食事にも応用されています。

●古くからあったフリーズドライ

インスタントコーヒーの製造で知られる**フリーズドライ（凍結乾燥法）**は、真空中で食品の共晶点以下の温度を保ちつつ乾燥（昇華乾燥）させて水分を除去する方法です。乾燥工程中、食品の水分は液状水の状態で移動することはなく、食品表層部に溶質の濃縮は起きにくくなります。熱風による乾燥法と違い、低温条件下で乾燥するため、食品の熱変性や化学変化が抑制されます。乾燥食品は多孔質構造となり、これに水を加えることで容易に喫食可能な状態に復元できます。古くは寒天、近年はインスタントコーヒーや即席麺の具などの製造に用いられます。溶解性も優れ、医薬品の分野でも活用されています。

＊**高圧液体含浸**　脱気と高圧処理による液体含浸効果を利用する技術のことで、リンゴのコンポート製造などに利用されている。

●野菜の加工で拡大

現在、フリーズドライ食品は、「素材類」および即席味噌汁のような「成型食品類」に大別できます。市場規模は約一〇〇〇億円といわれ、かつては素材類が七割を占めていましたが、円高の影響を受けやすい商品で、即席味噌汁に代表される成型食品の登場により市場が拡大してきました。素材類のうち、野菜商品の大半は輸入野菜で占められていましたが、最近では国産野菜の商品も増えています。

日本凍結乾燥食品工業会には一四社の会員企業が参加していますが、最近ではOEM生産を含めた成型食品への新規参入が目立っており、今後もこの分野を中心にさらなる市場の拡大が予想されています。

販売チャネルとしてはコンビニや食品スーパーが中心になっていますが、近年は通信販売による成型食品の販売が伸びています。メーカーでは消費者ニーズを探ろうと、大都市に直営のアンテナショップを展開して、新たなニーズの開拓に努めています。

インスタントコーヒーの歴史

戦時下で南米などからのコーヒーの輸入が完全に途絶えた1942（昭和17）年、統制会社日本コーヒーで大豆や麦などの代用品を使ったレギュラーコーヒーとインスタントコーヒーが製造され、軍に納入されました。戦争が終わり、1956（昭和31）年にインスタントコーヒーの輸入が初めて許可され、1960（昭和35）年にはコーヒー生豆の輸入が全面自由化になり、国内メーカーがインスタントコーヒーの製造を開始しました。翌年にはインスタントコーヒーの輸入も全面自由化され、日本インスタントコーヒー協会が発足して、インスタントコーヒーブームの幕開けになりました。その後しばらくして、フリーズドライ製法によるインスタントコーヒーも発売されるようになりました。

●過熱水蒸気技術

家庭用食品調理器具のスチームオーブンレンジが人気になっていますが、これは過熱水蒸気技術を応用した商品です。過熱水蒸気の原理は一九二二年に発見されており、そう新しい技術ではありませんが、食品加工のみならず理容・美容、電子産業など幅広い分野で応用されています。

過熱水蒸気処理は、食品の脱塩にも効果があるといわれています。ナトリウムイオンなどのイオンは、高濃度の状態から低濃度へと移動する拡散効果を有していますが、食品の加熱処理の初期において、食品表面に凝縮水が付着すると、表面のナトリウムイオンが凝縮水に溶解し、洗い流されるという効果が現れます。また、表面に近い場所に分散するナトリウムイオンは、塩分濃度の低い凝縮水へと拡散するため、内部と表面の塩分濃度差が生じ、内部のナトリウムイオンも拡散効果で表面に移動し、凝縮水が食品表面から滴り落ちる際に取り除かれるので、脱塩効果が発揮できる――という仕組みです。

●野菜ペースト*など

オーブンのような一般的な高温空気加熱では、加熱時間にかかわらず酸素濃度は一定になっていますが、過熱水蒸気加熱では、数分後にはほとんど酸素が存在しない状態になります。そのため、過熱水蒸気を用いると、低酸素状態での食品の加熱が可能になり、ビタミンCの破壊や油脂の酸化が抑制されることになります。この特長を活用し、食肉加工では焼き鳥、照り焼き、塩焼き、唐揚げなどの調理品に使われ、水産加工でも焼魚、エビ・カニ、タコなどの焼き加工品、水産練製品、ちりめんなどの加工に使われています。

さらには、野菜のブランチング、焼きおにぎりや米粉への乳化能付与、乾燥珍味の殺菌などにも、過熱水蒸気の技術が使われています。

特に北海道の農産加工品の開発では、カボチャやニンジン、ジャガイモなどの野菜ペーストの製造にこの技術を活かして、野菜の風味や栄養分が保持され、色も鮮やかな野菜ペーストを使ったお菓子などが作り出されています。

＊**野菜ペースト**　野菜ペーストは、野菜や果物などを生または加熱後にすりつぶしたり裏ごしにかけたりして、塊のないやわらかで滑らかな状態に仕上げたもの。農産物の半加工食材として、多くの食品の製造に使われている。

●ごま油・大豆油の抽出など

超臨界ガスには、液体の溶解力とガスの拡散性・浸透性があり、抽出溶媒として優れており、幅広い分野で利用されています。

食品分野では、その機能性から、抽出、除去・洗浄、乾燥、含浸、殺菌などの用途で使われています。

抽出の用途では、香料、フレーバー、スパイスの抽出、ごま油、大豆油などの植物油の抽出、魚油ではEPA、DHAなどの機能性成分の抽出、人参エキスやノコギリヤシ、アスタキサンチンなどの機能性成分の抽出でも使われています。

また、除去・殺菌の用途では、魚油臭の除去や玄米からの農薬の除去、カフェインを除去したコーヒー豆の精製などにも使われています。

さらに殺菌の用途では、オレンジジュースなどの天然果汁飲料の酵素失活や風味保全にも超臨界ガスの技術が活かされるなど、広い分野での加工に活用されています。

スチームオーブンレンジの登場

電子レンジの国産第1号が発売されたのは1951(昭和26)年。火を使わずに短時間で加熱できる革命的な調理器として、レストランなどの業務用として使われ始め、新幹線のビュッフェにも搭載されて話題になりました。その後、タンク式のスチーム機能を搭載した「スチームオーブンレンジ」が発売されたのが1978(昭和53)年。2002(平成14)年にはスチームとレンジ、ヒーターの同時加熱ができるスチームオーブンレンジが発売され、2年後の2004(平成16)年には“水で焼く”をキャッチフレーズとした、300度以上に加熱した過熱水蒸気で調理する過熱水蒸気オーブンが発売されています。

●ドライフルーツからフレーバー

前記した魚油からのEPAやDHAの分別回収に当たっては、まずイワシなどの油の中にある高度不飽和脂肪酸をエステル化し、硝酸銀水溶液で処理すると、不飽和度の高い脂肪酸のみが溶液中に溶解し、これを超臨界二酸化炭素で抽出すると、不飽和脂肪酸の効率的な抽出が可能となります。

調味料製造では、濃口醤油にこの技術を応用すると、香気成分が抽出されます。**マスターシード***の原料から変色の原因となる成分を除去するために、超臨界ガスによる抽出法を活用し、長期保存を可能にする製品を製造しています。このほか、ドライフルーツからフレーバーを製造して食品やたばこ用のフレーバーとして利用したり、トマトやニンジンのような水分を多量に含む原料からカロテン系色素のリコペン油を抽出したりする方法としても活用されています。アルコールと酢酸などを含有する水に浸した米を超臨界二酸化炭素で抽出すると、効率よくアレルゲンを抽出除去できます。

●湿式微細化技術

「食品を微細化し、消化吸収促進などの新たな機能性を付与した新規の素材として利用できるようにする」、「従来は廃棄物として扱われていたり低利用とされた素材を有用物質に変換する」などの技術も開発されています。

固形物を湿式で微細化する機器などが数多く開発されています。超音波ホモジナイザーは、発振器、コンバーターとホーンで構成され、「ホーンを通して溶液中に超音波振動を与えることで、圧力差による微小な気泡を発生させ、溶液中の物質に繰り返し激しい衝撃を与える」仕組みです。コロイドミルは、ローターとステーターといわれる部分から構成され、食材などのスラリー（液体状の混合物）がこれらの狭い隙間を通過することにより、食材に含まれる粒子が微細化される仕組みです。

このほか、撹拌（かくはん）型乳化機などでは、マイクロメートル（㎛）からナノメートル（nm）単位まで微細化させて、成分抽出などを行っています。

＊**マスターシード**　アブラナ科に属するからし菜という植物の種子を乾燥させたもの。種子の色によって、大きく「ブラック」「ブラウン」「イエロー」の3種類に分けられている。

●湿式微細化での食品加工

　ニンジンやカボチャといった比較的硬くて調理しにくい野菜の規格外品を微細化してペーストを作り、それをソースにしたりスープの素材にしたりして加工しているものが多くあります。同じパウダー化でも、超微粒子のパウダー加工に発展させているケースもあります。また、ペースト化やパウダー化といった加工は、お菓子の製造などでもよく使われています。

　羊羹（ようかん）などの和菓子の製造では、小豆を原料としたこし餡が作られますが、小豆の加工では種皮の扱いに困る場合があります。種皮は飼料や肥料として一部利用されているものの、多くの場合は廃棄されます。

　含水した小豆の種皮を磨砕・酵素処理後、さらに加水して湿式微細化処理をすることで、きめ細かい食感のペーストが得られます。これを用いた餡は、通常のこし餡と比較して滑らかな食感と機能性があることから、幅広い活用の仕方が考えられます。

　米粉を利用した食品加工として、ライスミルクを材料にした菓子やパンなどの製造も行われています。

野菜の消費拡大に一役買っている湿式微細化技術

　野菜消費量の減少に歯止めをかけようと、様々な野菜加工が行われていますが、近年、健康増進と野菜の消費拡大を目指して、原材料となる野菜の微細化処理による新しい食品素材の創出が行われています。また、食材に何らかの加工を施すと必ず廃棄物が出ますが、それまで利用できない部分とされてきた、野菜の根や茎、葉など、本来は食べられるものについて、ペースト化したり粉体加工をしたりして、廃棄物を再利用する目的での商品開発も行われています。

●エクストルーダーの利用による加工

〝夢の食品加工機械〟と呼ばれた**エクストルーダー**の名前は、英語の「extrude」（物を突き出す、押し出す）から来ており、型から押し出されて成形されるという意味がありました。食品では、「原材料に水を加えながら、押し出して作る製品」ということになります。

この装置はもともと化学製品の原材料のかき混ぜや成型に使われていたもので、食品加工用に使われるようになったのは最近のことです。

混練、混合、破砕、剪断（せんだん）、加工、成形、膨化、乾燥、殺菌などの加工操作を一台で行える機械です。

ソーセージの連続製造で使われ始め、一九三〇年代にはパスタやコーンフレークの製造が始まり、四〇年代にはペットフード、五〇年代にはでんぷん加工など、一〇年単位くらいで、新たな分野の食品加工に使われるようになりました。

そして現代でも、お菓子など多彩な商品を作り出しています。

●トマトジュースの濃縮など

食品加工においては、分離やろ過、吸着、透析などの工程も必要不可欠になっています。特に精密ろ過の膜分離は従来の分離法と比べて、機械の操作が容易かつエネルギー消費が少ない分離技術として多用されています。

精密ろ過の技術は、〇・〇一μm程度の物質を分離できることから、主に微粒子や微生物の除去を目的として、生ビールやミネラルウォーターの除菌、醤油の除菌・清澄化に利用されています。また、膜乳化にも利用され、マーガリンの製造などで実用化されています。

このほか、限外ろ過（UF）法は酵素・タンパク質や多糖類のような**高分子化合物**＊の分離に利用されます。代表的な実用化例としては、酵素の精製やリンゴ果汁の清澄化、トマトジュースの濃縮、加工でんぷんの製造、チーズホエーのタンパク濃縮など、農産加工品で広く使われている技術です。

＊**高分子化合物**　タンパク質やアミノ酸など、人間の身体の健康維持や病気の予防・改善などに役立つ成分。天然高分子化合物、半合成高分子化合物、合成高分子化合物などがある。

●野菜の機能成分抽出

農産物加工では、サトイモやキクイモ、ヤーコンなどのイモ類からポリフェノールやイヌリン、フラクトオリゴ糖などの機能成分を抽出する場合などに利用されています。

逆浸透（RO）法は、他のろ過法がふるい分けであるのに対し、水と溶質の膜に対する溶解性と拡散性を利用し、主として水だけを透過させることから、海水から真水をとるための装置などに利用されています。

さらに、イオン交換膜による電気透析（ED）法や限外ろ過法などがあります。電気透析は海水から塩分を除去する技術として、また限外ろ過法はアミノ酸や塩類などの低分子物質のろ過に使われています。

近年ブームにもなっている機能性食品の開発において、膜技術は、ビタミンやミネラル、食物繊維・多糖類、乳酸菌・オリゴ糖など、生物原料素材から機能性成分を分離・濃縮する技術として、多くのメーカーが注目しています。

高圧処理の加工事例と主な効果

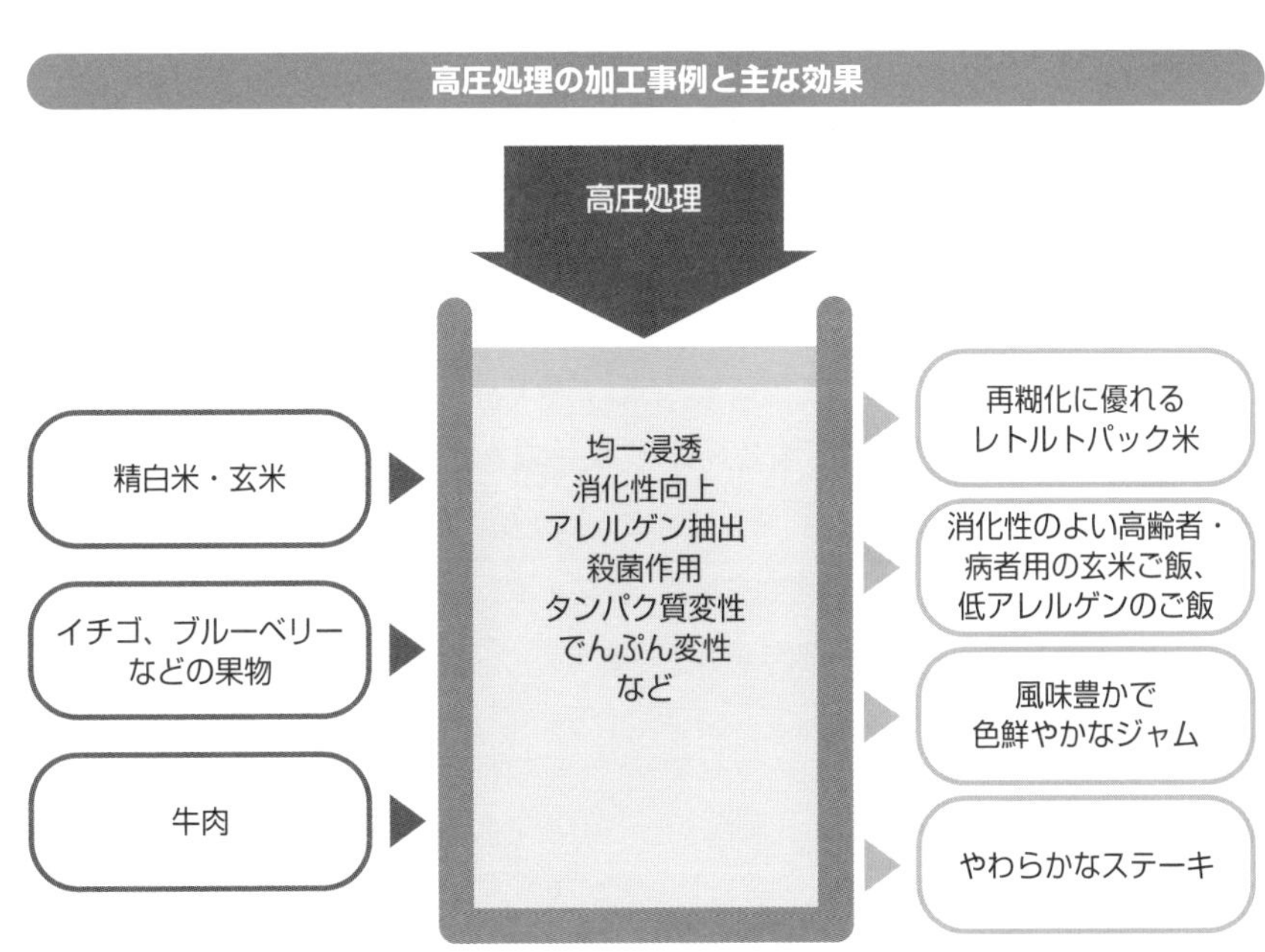

全国の商工会で初めて誕生した農業部会

米の一大産地である山形県・庄内平野の南部に位置する出羽商工会*では、商工会の組織の中に「農業部会」を作り、地域の「六次産業化」を推進していました。

「農業の活性化なくして地域経済の活性化はない」という地域情勢を踏まえ、農業と商工業を連携させていくため、全国に先駆けて「農業部会」をスタートさせたもので、当時は商工会長をはじめ役員や職員の中に兼業農家出身者が多かったことも、「農業部会」を設置した動機のようでした。

出羽商工会は2008（平成20）年に藤島町、羽黒町、櫛引町（くしひきちょう）、三川町、朝日村、大山および温海町の庄内南部７商工会が合併して誕生したものです。商工会の合併自体はそう大きな規模ではありませんでしたが、会員数の減少が危惧されていたこともあり、農業支援を行うことで少しでも会員減に歯止めをかけたいという狙いもあったようです。

最初から地域の農商工連携を促進しようと、農家の支援、商品開発・品質管理の支援、販路開拓支援の3つを目的に掲げ、月１回程度のペースで、グループ討議や取り組みの発表会、講師を招いての講演、意見交換会などを実施していました。

出羽商工会では、このほかにも「庄内の味覚新商品開発研究会」を発足させたり、「山形県産食品等販路開拓支援事業」として商工会とその理事の出資により「株式会社出羽の四季」を設立し、会員が開発した商品を販売するためのミニ商社的な役割を担うなど、農業と商工業、そして金融との連携に積極的に取り組んできました。

現在はベトナムとの交流機会を持ち、農業をはじめとする会員企業の製品・サービスの海外での販路拡大に取り組んでいます。

＊出羽商工会　http://dewa-shokokai.com

主要作物の動向

湛水と灌漑の機能を備えた「水田農業」に対して、水をたたえないで作物を栽培する畑地利用の農業を総称して、「畑作農業」と呼んでいます。

かつては稲作中心だった日本の農業ですが、近年は国の方針の変化などもあり、麦、大豆、イモ類のほか、野菜や果樹、花きなどの栽培も増えてきました。本章では、米以外の主要作物の生産動向について解説します。

1 小麦・大豆の国産化の推進

国では、第一章で述べたように食料品の物価高騰に対応するため、小麦・大豆の国産化の推進に取り組むこととし、二〇二二年度補正予算と二三年度の予算で肥料の国産化による安定供給を図ることと、小麦・大豆・飼料作物について、作付転換支援により国産化を強力に推進することに取り組む計画です。

●国産麦・大豆の安定供給に向けて

具体的には、産地と実需者が連携して行う麦・大豆の国産化を推進するため、**ブロックローテーション**＊や営農技術・機械の導入等による生産性向上や増産を支援すると共に、国産麦・大豆の安定供給に向けたストックセンターの整備や新たな流通モデルづくり、さらなる利用拡大に向けた新商品開発等を支援する、としています。

さらに国では、小麦・大豆の国産化を推進するため、二〇二二年度補正予算案と二〇二三年度予算案で「国産小麦・大豆供給力強化総合対策」を新たに設けて支援を拡大するほか、一時保管による安定供給体制なども確立させる計画です。

●畑地の追加

二〇二一年度から取り組んできた「麦・大豆収益性・生産性向上プロジェクト」を更新し、これまで水田の転作と水稲裏作の小麦のみだった支援対象に畑地を加える、などの措置も追加しています。

団地化の推進と営農技術の新規導入と併せて、農業の省力化の推進や生産性の向上、環境に配慮した営農に向けた技術の新規導入など、先進的な麦・大豆産地の取り組みに対し、ソフト・ハード両面から支援する内容になっています。また、畑地化を前提に、麦・大豆などには一〇a当たり一万五〇〇〇円を五年間支払う「畑地化推進事業」も用意されています。

＊**ブロックローテーション**　集団転作の手法。転作を地域農家全体の課題として解決するため、圃場をいくつかのブロック（区画）に分け、転作を実施するブロックを毎年切り替えていく方式。

●国産小麦の地産地消拡大

二〇二〇年度の国産小麦の都道府県別作付面積では、北海道が一二万二二〇〇ha、福岡県が一万四七〇〇ha、佐賀県が一万六〇〇〇haの規模になっています。作付面積の合計は二一万二六〇〇haで、前年に比べて労働力不足による面積減少はあるものの、北海道や九州を中心に、他の作物から転換する農家も増えています。

しかし、まだ国産小麦の占める割合はそう高くはなく、二〇一九年度の国産小麦収穫量は一〇三万七〇〇〇トンで、小麦の国内消費量全体の六分の一程度になっています。

現在、国産小麦の収穫量の約七割を北海道産が占めていますが、他府県産の小麦も評価が高くなり、各地で新たな品種に取り組むと共に、「地粉（じごな）」（地元で収穫・製粉した小麦粉など）を売り物に、パン用や中華麺用として使われる強力系小麦やうどんの中力系、そばの薄力系など、用途に合わせた小麦粉の地産地消の仕組みづくりも全国各地で進んできました。

主要農産物の輸入割合

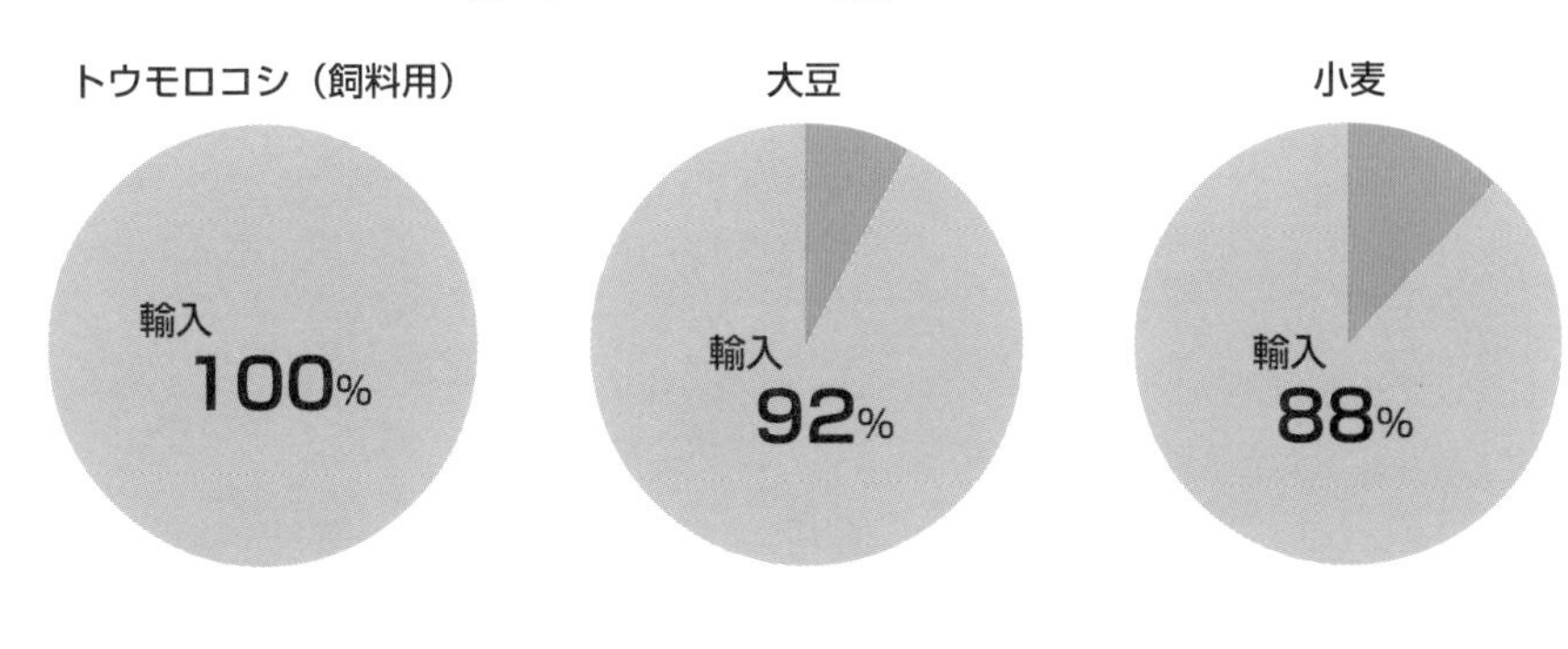

【小麦粉の種類】　小麦粉の主成分は「グリアジン」および「グルテニン」という2種類のタンパク質であり、それらの含有量の違いによって粘着性や弾性が異なる。そのため、薄力粉・中力粉・強力粉などに分けられ、用途によってもパンに適したものや麺類に適したものなどの違いがある。

国産大豆の生産

国内での大豆の生産は古くから行われており、統計をとり始めた明治初期から大正末期にかけては四〇万ha台の水準を誇っていました。その後、中国東北部からの大豆の輸入増に伴って減少し、戦後の増産運動により昭和三〇年代初めから再び四〇万ha台に復活しました。

●米の転作用として

二〇二一年の国産大豆の生産量は、九州の一部地域を除いて概ね天候に恵まれたため、前年比二三％増の二四万六五〇〇トンになっています。同年の作付面積は全国的に増加し、前年比三％増の一四万六二〇〇haで、引き続き二〇二一年産についても増加しています。

国産大豆の歴史を振り返ってみると、一九五六（昭和三一）年以降、外貨枠拡大による米国大豆の輸入増加や輸入自由化などにより、国産大豆の生産量は減少していました。その後、米の転作対策用の主要作物として再び復活しましたが、転作面積の増減に伴って大豆の面積も二転三転し、ここ数年は一三万haから一五万haの間で推移していました。

●大豆の需要量が約一〇〇万トン

大豆の需要量は、中期的に増加傾向で推移しています。二〇二一年度は約三五六万トン。そのうち食品用の需要も堅調で、最近は約一〇〇万トンで推移しています。食用の国産大豆は二三万九〇〇〇トンであることから、自給率は約二四％になっています。国産大豆は、実需者から味のよさなどの品質面を評価され、ほぼ全量が豆腐や煮豆、納豆などの食品向けに用いられています。豆腐が五六％を占め、次いで納豆が一七％、煮豆総菜が九％、味噌醤油が八％となっています。食品加工に合わせた品種としては、豆腐、納豆、煮豆、味噌業界は、生産量の多い「とよまさり」や「フクユタカ」が多くなっています。

【国産食用大豆の品種】 とよまさり、フクユタカ、ユキホマレ、里のほほえみ、リュウホウ、エンレイなとがあり、主に豆腐や煮豆として使われる。このほかに納豆用では、ユキシズカ（北海道）、スズマル（北海道）、納豆小粒（関東）などがある。（続く）

●全国に分布する大豆産地

大豆の産地は全国に分布し、一〇〇〇ha以上の作付け県が二四道県あり、北海道は畑作が約三割を占めていますが、その他の地域は転作対応の水田作が中心となっています。

産出額では主産県である北海道、転作大豆の多い宮城、秋田、滋賀、青森の順であり、平均単収となると北海道、新潟、栃木、長野、佐賀の順になります。

二〇二〇年三月に閣議決定された「食料・農業・農村基本計画」において、大豆の生産努力目標を二〇三〇年には三四万トンに設定しています。

また、作付面積は現在よりも約一割多い一七万haを目指し、平年収量を一〇a当たり二〇〇kgとし、自給率は一〇%を目指すとしています。

今後とも実需者の求める量・品質・価格に着実に応えるため食品産業との連携強化を図りつつ、団地化やスマート農業によるコストの低減、排水対策のさらなる強化、耐病性・加工適性等に優れた新品種の開発・導入などで生産量の向上を推進する、としています。

大豆の需要状況（2021 年度）

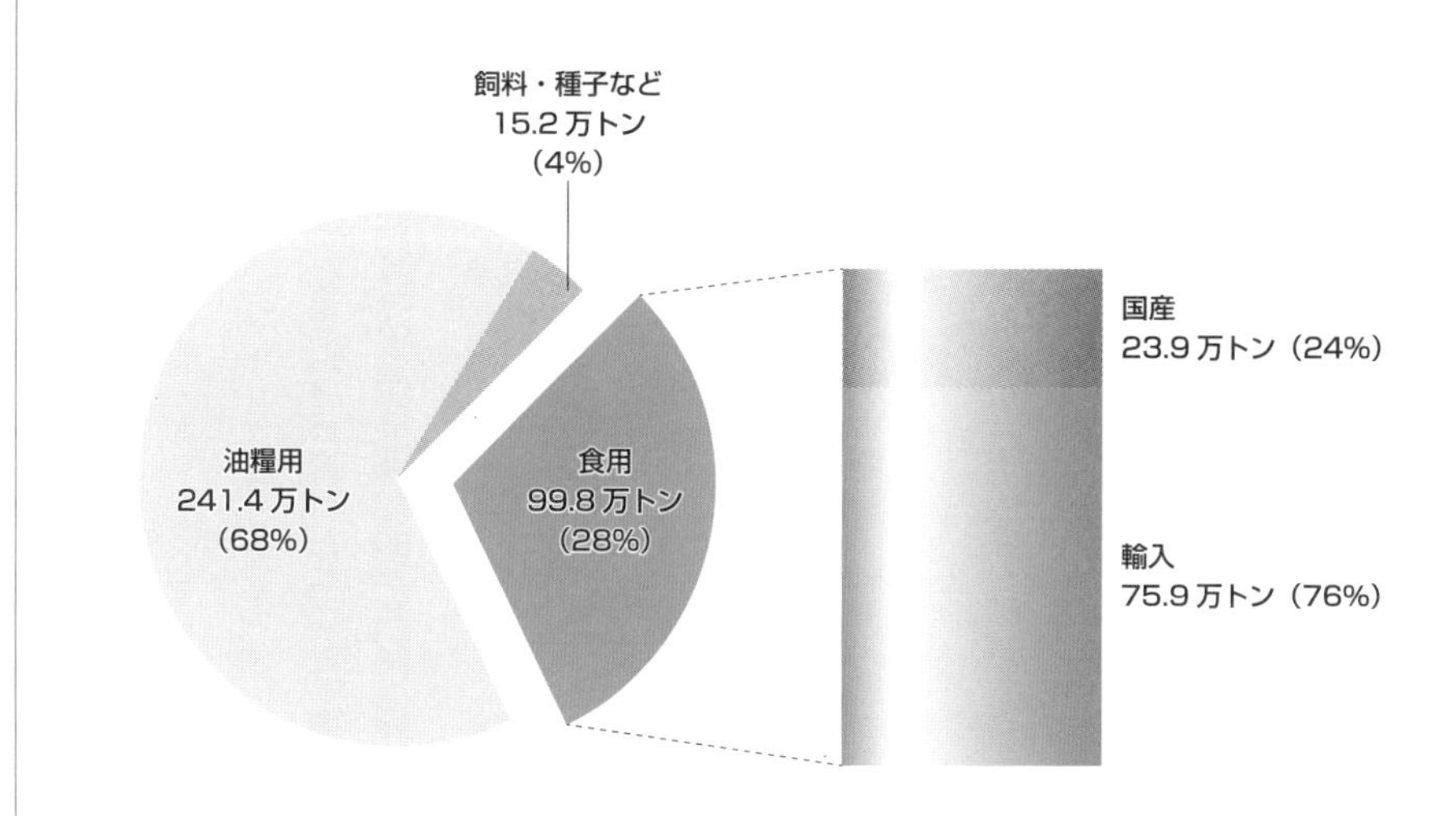

【国産食用大豆の品種】〈続き〉　前ページ冒頭に示した５品種だけで、全大豆作付面積の約６割を占めている。地域別の作付けトップの品種は、北海道:ユキホマレ、東北:リュウホウ、関東:里のほほえみ、北陸:エンレイ、東海・近畿:フクユタカ、中国・四国:サチユタカ、九州:フクユタカ。

3 枝豆の生産

枝豆は、成熟前の大豆を枝付きのまま茹でて食用としたことから「枝豆」と名付けられ、かつては大豆を用いた食品という扱いでした。しかし近年は大豆用と枝豆用に区分され、枝豆専用品種が四〇〇種類以上開発されています。

●枝豆の主産地と消費地

枝豆は北海道から沖縄に至るまで全国で栽培されていますが、二〇二〇年度の出荷量トップは北海道、次いで群馬、千葉、山形、埼玉、秋田、新潟の順になっています。全体の出荷量が五万二二〇〇トンで、上位七位までの合計が全体の六四・五％を占めています。

また、作付面積は全体で一万二八〇〇ha、トップから順に新潟、山形、秋田、北海道、群馬となります。

さらに収穫量となると、同年度では群馬がトップ、次いで北海道、千葉となります。作付面積の大きい地域が出荷量・収穫量も多いとは限らない、ということも枝豆栽培の特徴です。

●大消費地の近接型農業

道府県単位で収穫量と出荷量を比較してみると、千葉、北海道、群馬、神奈川、埼玉などは収穫量と出荷量とがほぼ同じで、大消費地では地元で収穫された枝豆の大部分がその地域でそのまま消費される、つまり地産地消の代表的な作物であるといえるのです。

これに対して、新潟、秋田、山形などは、収穫量と県外への出荷量の間に大きな差が見られることから、枝豆は生産地内で消費されるものと、県外へ出荷されるものと分かれてきています。

枝豆栽培は、地域ごとに栽培方法や品種の違いによって、面積当たりの収量にも大きな差が出ています。

【輸入冷凍枝豆】 枝豆は鮮度が重要であるため、海外からはほとんどの場合に冷凍枝豆の形態で輸入される。主な輸入相手国は、台湾、中国、タイ、インドネシアで、近年は減少傾向にある。

通年出荷に近い作物

かつては、枝豆の旬の季節はビールの消費が増える夏場だといわれていました。しかし近年は、ビールそのものが通年でコンスタントに消費されるようになったため、枝豆の出荷にも季節の格差はなくなりつつあります。もともと枝豆はほかの露地作物に比べて、反収は低いものの、年間作業時間は短くて済むといわれ、作業時間当たりの所得が高い点が特徴になっています。また、病害虫による被害も比較的少なくて済むので新規就農者向きの作物だともいわれています。

出荷形態には冷凍または生という違いがあり、同じ冷凍でも「茹でた枝豆を冷凍したもの」と「流通上、鮮度を保つために冷凍したもの」との違いもあります。冷凍枝豆の出荷量では北海道がトップです。東京都中央卸売市場での傾向を見ても、四・五月は台湾産の出荷から始まりますが、近年は国内産も、ゴールデンウィーク頃のビールの消費に合わせてハウス栽培のものなどが出荷されるようになってきました。

8月8日は「だだちゃ豆の日」

2011（平成23）年7月、JA鶴岡の「だだちゃ豆生産者組織連絡協議会」は8月8日を「だだちゃ豆の日」と定め、以後は毎年様々なイベントを繰り広げています。命名の理由は、「だだちゃ」とはもともと鶴岡の方言で「お父さん・親父」を意味しており、8月8日はパパと読めるから、そして、2莢（さや）が多い「だだちゃ豆」の特徴を数字の8がよく表しているからだとされています。しかし、何よりこの時期は生ビールと美味しい「だだちゃ豆」の時期だから、ともされています。

だだちゃ豆には「鶴岡地域だだちゃ豆生産者組織連絡協議会」で定められた8つの品種があり、販売では①品種、②生産地（旧鶴岡市地域内）、③生産者（旧鶴岡市地域に居住）、④生産条件（自家採取または地域内共同採種）、⑤商標シール、⑥生産者の表示を義務づけるなどのルールがある。

出典：JA鶴岡だだぱら（https://dadacha.jp/）

●ブランド枝豆競争

全国各地には在来品種の枝豆が多くあります。地域の農家によって代々受け継がれ、地域でしか味わえない枝豆だったのですが、在来野菜のブームとともに、枝豆でもブランド競争が激化してきました。

北海道には、企業が開発したブランドとして「サッポロミドリ（雪印）」「莢音（雪印）」「サヤムスメ（雪印）」「大袖の舞（十勝農協連）」「ユキムスメ（雪印）」などがあり、青森県津軽地方には「いたや毛豆」という、茶褐色の毛が目立つことからその名の付いた枝豆があります。

秋田県には、オリジナル品種の「あきたほのか」「あきた香り五葉」「あきたさやか」などがあります。山形県庄内地方には茶褐色の「だだちゃ豆」があり、ブランド茶豆のトップといわれています。その流れを汲んだのが新潟県黒埼地方の「黒埼茶豆」で、明治末期に山形県庄内地方から種が入ってきたといわれています。

群馬県沼田地方には「天狗印枝豆」、千葉県君津市の小糸川流域には「小糸在来®」というブランド枝豆があります。また、神奈川県三浦半島には「三浦ねっ娘会」という、地元の農家五戸が結成した枝豆生産団体があり、団体名を冠したブランド枝豆があります。

関西で人気になっているのが「岐阜えだまめ」で、その九割近くは岐阜市で生産されています。

●枝豆用品種の黒大豆

さらに、西日本では兵庫県丹波地方の「丹波篠山黒枝豆」が有名ですが、使用品種の「丹波黒大豆」を品種改良した枝豆用品種の「紫ずきん」は、京都府が認定する「京のブランド産品」になっている枝豆です。丹波黒大豆の食感はやわらかくて粘りがあり、独特の甘みを持つことから煮豆によく使用されますが、さやが緑色の若いときに収穫される枝豆も美味で人気があります。ただし、枝豆用の多くが早生種で、晩生種の枝豆も出回っていますが、生育期間が長くて手間がかかるので、大量生産には向いていないようです。

＊**ハーベスター**　収穫や伐採を行う農業機械および林業機械の総称。コンバインハーベストともいう。

●冷凍枝豆のブランド化

冷凍枝豆はこれまで台湾などからの輸入品が多かったのですが、国産のブランド枝豆の冷凍商品も人気になっています。北海道中札内村（なかさつない）が特産品として売り出しているのが「そのままえだ豆」で、中札内村の品種は、収量が多く穏やかな香りと甘みがある「大袖の舞」を主力にしています。

中札内村では品質の高い枝豆づくりのための分析を重ねた結果、「収穫から三時間以内に製品化すれば食味が落ちない」ことがわかったことから、収穫・輸送時間を極限まで短縮するために、圃場への農道の整備、収穫の障害となる立木枝の管理、一〇m幅の**ハーベスター**＊旋回スペースの設置などで、収穫段階におけるハーベスターの圃場内の旋回時間を短縮しつつ、枝豆を運ぶダンプカーの輸送効率も向上させました。

その結果、鮮度を保ったまま、村内のいちばん遠い圃場からでも収穫後三時間以内に冷凍処理ができるようになりました。

主なブランド枝豆と主産地

ブランド	産地
毛豆	青森県津軽地区
だだちゃ豆	山形県鶴岡地区周辺
黒埼茶豆	新潟市の西区黒埼地区
丹波篠山黒大豆	兵庫県丹波地方
紫ずきん	京都府園部、亀岡、福知山他
小糸在来®	千葉県君津市　小糸川流域
はねっ娘会	神奈川県三浦半島
八尾えだまめ	大阪府八尾市
天狗枝豆	群馬県沼田市付近

野菜の生産

野菜作経営は露地野菜作およびハウスなどの施設野菜作に分けられますが、どちらの形態であっても、野菜ブームに支えられて農家所得は増加しています。特に、サラダブームのためレタスやキャベツといった葉茎菜類の出荷量が増加しています。その一方で、気候変動による自然災害の影響も受けています。

●気候変動による影響

近年、加工・業務用の国産野菜を求める実需者ニーズや、カット野菜等の簡便化志向の消費者ニーズが高まってきました。しかし、天候により作柄や供給量等が変動しやすい特性もあり、二〇一八年以降の野菜の産出額は二兆二〇〇〇億円前後で推移しています。

二〇二二年は、前年より一〇五三億円少ない二兆一四六七億円（前年比四・七％減）でした。北海道における夏季の干ばつの影響によってたまねぎの出荷量が大きく減少し、価格が上昇した一方で、秋季から冬季にかけての高温などにより多くの品目の出荷量が増加し、前年よりも安値となったことなどが影響したと考えられます。

●需要が堅調なイモ類

畑作の中で、ばれいしょやかんしょの作付面積が減少傾向で推移する中、ばれいしょではポテトチップスやサラダ用などの加工食品向けに国産品を求める実需者ニーズが高まってきたことや、かんしょについても焼き芋としての需要が堅調なことから、イモ類の産出額が増加傾向で推移してきました。

二〇二二年は、天候不良などにより前年比〇・五％減（一二億円減）の二三五八億円となりました。かんしょにおいて引き続き堅調な消費を背景に価格は高水準で推移したものの、ばれいしょにおいて関東地方を中心に価格が低下したことによるものです。イモ類の需要は堅調が続いています。

【野菜の摂取量】 近年の野菜の摂取量は、成人１人１日当たりの目標量350gに対し、現状は280g程度で、約７割の成人が目標に達していない。

●輸入野菜の増加

二〇一〇年以降、野菜の輸入量は増加傾向にあり、特に中国からの輸入が過半を占めています。

かつては業務用の冷凍品やカット野菜、乾燥、塩蔵などの加工品として輸入されるものが中心でしたが、低温輸送などの発達から、最近は生鮮野菜の輸入量が急増しています。

生鮮野菜は、コロナ禍により外食などの加工業務用需要が回復しない中にあって、台風などの自然災害の影響による国産野菜の価格変動により、輸入量が増減します。さらに、ウクライナの情勢や為替相場にも左右されるようになってきました。

農畜産業振興機構の統計資料によれば、二〇二一年通期の生鮮野菜の輸入では、コロナ禍により外食などの加工業務用需要が回復しきらない中、秋冬野菜の栽培期間中に台風などの気象災害がなかったことで国産野菜が安値傾向となり、キャベツなど多くの品種で前年を下回っています。一方の冷凍野菜は、家計消費需要により前年をやや上回っています。

野菜の輸入量の推移

（単位：トン）

種別	輸入量（2021年）	前年との比較	
		増減数量	増減率
生鮮野菜	71,759	▲4,422	▲6%
冷凍野菜	98,344	8,338	9%
塩蔵等野菜	5,731	▲662	▲10%
乾燥野菜	4,057	180	5%
酢調製野菜	2,650	126	5%
トマト加工品	20,493	▲1,640	▲7%
その他調製野菜	33,037	▲518	▲2%
その他	1,491	193	15%
計	237,562	1,594	1%

出典：農畜産業振興機構「ベジ探」（原資料：財務省「貿易統計」）
注：イチゴ、スイカ、メロンは果実的野菜として野菜にカウントしている。内訳の単位未満を四捨五入している関係で、計は必ずしも一致しない。

5 果樹の生産

日本の果樹部門の農業経営体は家族経営が圧倒的に多く、また農業経営数全体に占める果樹部門の割合は一六・一％です。果樹の生産と販売を行う農家の数では、農業経営体全体の一五・八％になっています。

●減少傾向にある農家

国内の果樹生産量は一九七九年をピークに減少を続けています。近年では三〇〇万トン弱で推移しており、ピーク時の四割程度の水準になっています。しかし、生産現場では消費者ニーズを捉えた高品質な果実生産が進み、生産量は減少したものの、高品質化により果実の産出額は二〇一二年から二〇一九年まで六年連続で増加し、二〇二〇年も前年と同水準の八四〇六億円で、農業総産出額の一割弱を占めています。

高品質な果実生産は、果樹生産者の労力と時間をかけた手作業によって支えられており、整枝・せん定などの高度な技術を要する作業や、摘果、収穫ではなかなか機械化が進まないのが現状です。

●労働生産性の低下と高齢化

果樹の生産はもともと労働集約的な構造になっていて、園地も中山間地域や急こう配の斜面地など。土地利用型作物等と比較して労働時間が長く、労働ピークが摘果や収穫時の短期間に集中していることもあり、生産性の低さが指摘されてきました。

さらに、高齢化の進展から、果樹の農業経営体は減少傾向にあります。

また、果樹を副業的に扱っている農家の数が多く、就業人口でも農業経営体全体の一割程度で、そう多くはありません。後継者不足も深刻で、栽培面積も長期的に減少が続き、果樹農業を支える苗木の生産・供給体制もぜい弱化しています。

【果樹DX】　茨城県内の梨農園において、AIを活用した自動走行ロボットの導入により、農作業の負担減と経営効率の改善という課題の解決に取り組む動きが報告されている。防除作業の自動化、カラス追い払いロボット、運搬ロボットの複数同時運用という3つのテーマを掲げてDXの実現を目指している。

●果樹の需給動向

果実の国内需要のうち、国産品は約四割で、輸入品は約六割になっています。国内生産のうち約九割は生鮮用で、輸入品の約六割は果汁などの加工品です。輸入の生鮮用のうち五割はバナナで、二〇二〇年のバナナの輸入量は一〇六万八三五八トンでした。第二位がパイナップルの一五万七〇三一トン、第三位がキウイフルーツの一一万三四三一トン、これらの上位三品目で輸入果樹の八割を占めています。

一方、日本の果実の品質は、アジアほかの諸外国で高く評価され、年々輸出額が増加しています。二〇二〇年の国産果樹の輸出量では、リンゴがいちばん多くて二万六九二六トン、第二位がブドウの一七二二トン、以下モモ、ナシ、イチゴと続きます。

果実加工品への新たなニーズは高く、新商品の開発や、インターネット直販など新しい販売チャネルも期待されます。果樹農業経営の成否は、高品質化をいかに持続し、かつ労働生産性をいかに高めるかにかかっています。

果樹産出額ランキング

順位	都道府県	産出額	割合
1位	青森県	857億円	10.93%
2位	山形県	673億円	8.59%
3位	和歌山県	627億円	8.00%
4位	長野県	558億円	7.12%
5位	愛媛県	497億円	6.34%
6位	山梨県	484億円	6.18%
7位	静岡県	304億円	3.88%
8位	福島県	264億円	3.37%
9位	熊本県	263億円	3.36%
10位	福岡県	244億円	3.11%

出典：農林業センサス2016年より　※割合は果樹産出額全体に占める割合

6 花きの生産

「花き（花卉）」とは、観賞の用に供される植物のことで、具体的には、切り花、鉢もの、花木類、球根類、花壇用苗もの、芝類、地被植物類*をいいます。普段の生活の中で消費される野菜・果物と異なり、花きは冠婚葬祭、贈答用、装飾など様々な使われ方をしています。

●花きの細かいニーズ

花き*は極めて嗜好性が強く、使われる用途や場面も多岐にわたるため、種類や品種、色などもかなり細かいバリエーションがあります。

このような商品特性があるため、花きの振興対策にあたっては、他の野菜や果物などの品目以上に、消費者のニーズをきめ細かくつかんで、対策を講じていく必要があるといわれています。

花きの国内供給のうち、国内生産（金額ベース）は約九割で、輸入品が約一割となっています。また、国内生産のうち約五割は切り花類であり、以下、鉢もの類、花壇用苗もの類と続いています。輸入のうち約八割は切り花類であり、残りは球根類となっています。

●農業産出額の二割を占める愛知県

国内生産の状況では、二〇二〇年の花きの産出額は三三九六億円で、農業産出額の四％を占めています。

花きにおける産出額の内訳としては、切り花類が六割、次いで鉢もの類が三割、花壇用苗もの類が一割となっています。

花きの作付面積は一九九五年の四万八〇〇〇ha、産出額では一九九八年の六三〇〇億円がピークでした。その後は全品目において減少傾向にありますが、近年はライフスタイルの洋風化で減少ペースが鈍り、漸減傾向で推移しています。花きの主要産地は愛知県、千葉県、福岡県などで、愛知県においては花きが県内の農業産出額全体の二割を占めています。

*地被植物類　ササ、ツル類など地面や壁面の被覆に供するもの。

●輸入切り花の増加

花きの輸入は切り花類が大半を占めており、関税が廃止された一九八五年以降、切り花の輸入割合は増加傾向にあります。カーネーションとキクの切り花の輸入割合を見ると、二〇二〇年のカーネーションでは輸入が六四%、国産が三六%になっています。一方のキクでは国産が八一%、輸入が一九%と、品目によって大きく異なります。輸入切り花の主な相手国は中国、コロンビア、マレーシアです。

近年、花きの国産シェアを奪還するべく、国産花きの強みを活かせる流通体制の確立を目指す動きになっています。

具体的には、鮮度、日持ちのよさといった国産花きの強みを活かすことが大事だとされ、消費者ニーズとしても「日持ち」は特に重視される品質項目であるため、その改善に向けて、温度管理（コールドチェーンの確立）や衛生管理の徹底、特に鮮度保持剤の使用などを、生産・流通・小売の各段階で徹底する動きになっています。

花きの県別産出額（2020年）

単位：億円

順位	県名	産出額（全国シェア）	県内の農業産出額に占める割合
1	愛知	527 （16%）	18%
2	千葉	201 （6%）	5%
3	福岡	198 （6%）	10%
4	埼玉	157 （5%）	9%
5	静岡	153 （5%）	8%

「生産農業所得統計」の産出額に、「花木等生産状況調査」の産出額を追加している。
資料：農林水産省「生産農業所得統計」「花木等生産状況調査」

7 肉用牛・酪農の生産基盤強化

牛の飼養戸数は、小規模層を中心に減少傾向で推移していますが、一戸当たり飼養頭数は増加傾向にあります。さらに、繁殖雌牛（めすうし）の飼養頭数も近年は増加に転じてきました。

乳用牛の飼養戸数や飼養頭数は減少傾向で推移していますが、一戸当たり経産牛飼養頭数は増加傾向で推移しており、大規模化が進展してきました。また、改良により、一頭当たりの乳量が年々上昇しています。

乳用牛が分娩（ぶんべん）する子牛については、黒毛和種（くろげわしゅ）の交配率の上昇によって交雑種（肉用となる）の割合が増加し、乳用後継牛は減少傾向で推移しています。

近年、飼料生産作業を酪農経営体などから受託して行う**コントラクター**＊、牧草などの粗飼料（そしりょう）とトウモロコシなどの濃厚飼料をバランスよく配合した牛の飼料を製造して農家に供給するTMRセンターといった組織の出現により、労働負担が軽減され、規模拡大が可能になってきました。

●生産基盤の強化

減少傾向にあった肉用牛繁殖雌牛の頭数は、近年、生産基盤強化対策の実施によって、増加に転じています。また、肉専用種の雌のうち、繁殖に仕向けられる頭数割合も近年は増加しています。

畜産クラスター（畜産農家と地域の畜産関係者が連携し、地域ぐるみで収益性を向上させる取り組み）や、地域内での分業体制が構築されてきました。さらに、乳用雌子牛を効率的に生産するための雌雄産み分け技術の活用、あるいは発情発見装置などICT（情報通信技術）の活用による労働負担の軽減もあって、畜産は新しい展開を迎えています。

＊**コントラクター**　農作業機械と労働力などを有して、農家等から農作業を請け負う組織（機関・団体等）。

●自給飼料の増産

酪農・肉用牛の生産基盤の強化のためには、経営コストの四～五割程度を占める飼料費の低減が不可欠です。

そのため、水田や耕作放棄地の有効活用などによる飼料生産の増加、食品残さなど未利用資源の利用拡大の推進、といった総合的な自給飼料増産対策により、輸入原料に過度に依存した畜産から国産飼料に立脚した畜産への転換を推進しています。

都府県においては、酪農において良質な粗飼料や乳用後継牛の育成確保のための体制整備、労働力と飼料費の低減を目的とする放牧の推進など、総合的な取り組みをさらに進めることが喫緊の課題になっています。

さらに、**配合飼料**の価格安定制度は、配合飼料の価格上昇が畜産経営に及ぼす影響を緩和するために必要な措置として、「通常補塡」およびそれを補完する「異常補塡」という二段階の仕組みにより、生産者に対する補塡を実施しています。

配合飼料とは？

科学的な調査研究に基づいて様々な栄養素を混合し、牛や豚などの家畜がそれだけで健康が保て、また繁殖できるようにした飼料のことです。原料としては、カロリー源、タンパク源、鉱物質源となる主原料（トウモロコシ、大麦、小麦など）に加えて、ビタミン、ミネラル、アミノ酸などの補給源となる微量原料が用いられます。配合飼料の安全性を確保するため、大きく分けて行政による規制と民間による自主規制が行われています。飼料安全法に基づき、各種の農林水産省令やガイドラインなどが通知されています。

＊**配合飼料**　複数の飼料原料あるいは飼料添加物を配合設計に従って一定の割合に混合したもので、その飼料を給与するだけで家畜の健康を維持し、良質な畜産物が生産できる飼料のこと。

減少を続ける国産葉たばこ農家

かつて葉たばこの栽培は「儲かる農業」の代表と呼ばれ、北は青森から南は沖縄まで、全国至るところで生産されていました。関心が寄せられていたのは、JTによる独自の契約栽培方式で、その年の作付け前に価格が決定し、全量買い上げ制度などを採用していることにありました。天候や生産量などによって、価格が大きく左右されがちな他の農作物にはない特長といわれていました。

国内で生産された葉たばこは、日本たばこ産業株式会社（JT）に「国産葉たばこの全量買取契約」が求められ、その一方で、国（財務省）はJTに、たばこ製品の「国内製造独占」を付与してきました。

しかし、2000年度、全国で2万3128戸あった葉たばこ農家は、2022年度には10分の1の2302戸まで減少しています。

たばこ製品の原料となる葉たばこは、国内生産分と輸入ぶんに分類され、葉たばこの輸入量は2020年度で2.8万トンとなっており、国内生産高の倍になっています。国内生産は、需要の1/3に過ぎず、JTの国内シェアは約6割ですので、国内自給率に換算するとわずか2割にとどまっています。

健康志向や相次ぐ増税でたばこ需要が減少を続けていることから、JTでは、葉タバコ農家の廃作希望の募集を行っています。

JTは廃作にあたり、協力金として10a（アール）当たり36万円が支払われ、高齢化した農家の多くが一時金を受け取れるのを機に廃作を決断したと見られ、また自治体では廃作に伴う耕作放棄地の増加を防ぐ対策として、転作を奨励し、転作に必要な農業機械の導入や施設整備などの初期投資に対して補助する制度を設けています。

葉たばこは東北と九州・沖縄地方が産地として知られ、JTの21年産の契約実績でも都道府県別では熊本県が耕作面積で全国1位、次いで沖縄が2位となっています。転作作物としては県が推奨する野菜などが多く、鹿児島県ではサツマイモやカボチャへの転作希望が多くなっています。

農機具と農業用資材の市場

1-7節で解説したとおり、政府は農業の国際競争力強化を目指して、肥料、農薬、機械、飼料などの生産資材価格を国際水準まで引き下げる取り組みを行っています。また、生産資材に関する各種法制度およびその運用などを国際標準に適合させると共に、生産資材の安全性を担保しつつ合理化・効率化を図るとしています。本章では、農薬、肥料および農機具、農業資材業界の動向について解説します。

国内農薬市場の動向

1

農産物の収穫量増大や農作業の効率化、品質の維持と商品価値の向上など、農薬が果たす役割は大きなものがあり、農業コストに占める割合も高くなっています。しかし、国内農薬の出荷数量は減少傾向にあります。

●出荷額は横ばい

農業就業者人口の減少や耕作地の減少、また低農薬に対する消費者ニーズの高まりから、農薬の出荷額は減少傾向にあります。二〇二二年一～九月の原体の国内生産量は約六万トン、製剤としての国内生産量は二二万トンで、海外からの製剤輸入を合わせると約二四万トンになっています。このうち、海外への輸出は原体が三万トン、製剤が一・五万トンになっており、国内農業での出荷量は二〇万トンを切っています。一方、生産額は全体では約四〇〇〇億円になっていますが、各メーカーとも新製品を市場投入することにより、単価を引き上げてきたことから、額としてはほぼ横ばいで推移しています。

●農薬の生産と流通構造

国内の製造業者は一六九社で、卸売業者など商社系に六割、JA全農などの系統に四割の割合で出荷されていますが、農薬製造への参入企業が多く、集約度の低い市場構造だといわれています。

国内農薬メーカーは、業態的には、多国籍農薬メーカーの日本法人である「外資系メーカー」、原体の開発から製剤の製造・販売までを一貫して手がけ、開発した原体を他社にも販売する「研究開発型メーカー」、他社から購入した原体により製剤を製造する「製剤メーカー」、さらに「**特殊な農薬のみを扱うメーカー**＊」に大別されています。それぞれに特徴がある農薬だけに、販売競争は働きにくい構造だといわれています。

＊**特殊な農薬のみを扱うメーカー**　石灰、土壌くん蒸剤などを専門に扱うメーカーで、国内には79社を数え、主な企業としては井上石灰、細井化学、南海化学、三井化学などがある。

●農薬使用の実態と市場動向

日本は高温多湿な気候から病害虫が発生しやすい環境にあり、その病害虫による減収や品質劣化などに見舞われやすいことから、それらを防ぐため、欧州各国に比べて農薬使用量は多くなっているといわれています。

また、流通段階において、虫食いなどを嫌う傾向も強く、減農薬や無農薬が叫ばれる一方で、なかなか縮小しないのが農薬市場だといわれています。生産者（農家）側でも、農薬の購入高や価格について、「高い」と感じる人も多いのですが、しかし、なかなか下がらないのが農薬のコストなのです。

このため国では、「農業競争力強化プログラム」の中に生産資材価格の引き下げに関する施策を盛り込み、農薬についても、農薬取締法の見直し、あるいは**ジェネリック農薬***（先発メーカーの持つ農薬の有効成分〈原体〉の特許有効期間が過ぎたのちに別のメーカーが製造する、当該有効成分を含む農薬）の開発を促進していく方針を打ち出しています。

農薬メーカーの分類

総合化学系	専業系	外資系
住友化学	アグロ カネショウ	バイエル クロップサイエンス
石原産業	日本農薬	シンジェンタジャパン
三井化学アグロ	クミアイ化学	BASF ジャパン
日本曹達	北興化学	コルテバ・ジャパン
日産化学	協友アグリ	デュポン ジャパン
	エス・ディー・エス バイオテック	

出典：農薬工業会（https://www.jcpa.or.jp/）

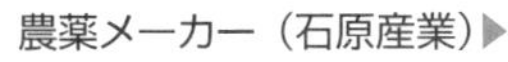
農薬メーカー（石原産業）▶
by Oilstreet

＊**ジェネリック農薬**　農薬の物質特許の失効に伴い、当初開発した先発メーカーとは異なる後発メーカーが製造している農薬。

●法規制と開発プロセス

農薬は医薬品と同様に、製品の研究開発から市場に上げて流通させるまでに相当な時間と資金を必要とします。また最近では、農薬に対する規制強化を背景に実用化までの期間がさらに長期化し、開発コストの高騰を招いています。

農薬については国による登録制度が設けられており、製造・販売・使用に関し、農薬取締法に基づいて厳しく規制されています。そのこともまた、コストの高騰を招く要因になっています。

農薬の登録に当たっては、毒性、作物への残留、環境への影響などに関する試験成績に基づき、食品安全委員会が安全性の評価を行い、製剤ごとに農林水産大臣の承認を受ける、という手順を踏みます。

試験成績には、病害虫や雑草への効果、作物への効果、人への毒性、作物の残留性などに関する試験の結果、および環境への影響に関する試験とその成績が盛り込まれています。

●ジェネリック農薬への参入

農薬市場全体では、国内市場での成長が見込み難い中にあって、前記したように国の「農業競争力強化プログラム」により、今後のジェネリック農薬市場拡大への期待が高まっています。

この分野への参入においても、メーカーでは新たな技術と知見が必要になってきます。

例えば、開発においては、コストの算定、原体を探す目利き力、農薬登録申請のノウハウなど。製造面でも、中間体、原体、製剤の試験場や製造工場の確保が必要。営業面に至っては、市場規模や先発ブランドとの競合関係などに関する情報収集などが求められてきます。

大手グローバル農薬メーカーにおいては、ジェネリック農薬への参入のほかに、増加する研究開発費の確保、種子の開発やアグリバイオなど農薬以外の事業展開による収益の多様化も求められていることから、業界の再編を進めながら対応していこうという動きもあります。

【農薬規制の法律】　農薬取締法は、農薬の製造から販売、使用までのすべての過程を規制するための法律。登録制度によって、農林水産大臣の承認を受けた農薬だけが、製造・販売・使用できる。農薬ごとに、使用してよい作物や使用方法が決められている。（続く）

●国内外メーカーの動向

日本の農薬市場はブラジル、米国、中国に次いで世界第四位の規模となっており、欧米企業が日本国内において直販体制を確立するなど、競争が一段と激しくなっています。

世界の市場シェアでは、スイスのシンジェンタ、ドイツのバイエル、同じくBASF、米国のダウ・ケミカルなどが上位を占めます。日系メーカーでは住友化学が世界の一〇位に位置していますが、農薬の売上に限れば一〇〇〇億円くらいだといわれています。

国内のシェアを見ると、スイスに本拠地を置く多国籍企業シンジェンタの日本法人と日産化学が九%、次いでバイエル クロップサイエンスと住友化学が八%、クミアイ化学、北興化学が六%です。これまでの再編の動きとしては、日本農薬が三菱化学の農薬事業を、住友化学が武川薬品工業の農薬事業を買収し、昭和電工がみずほ系ファンドに農薬子会社を売却するなどがありました。

農薬流通の実態

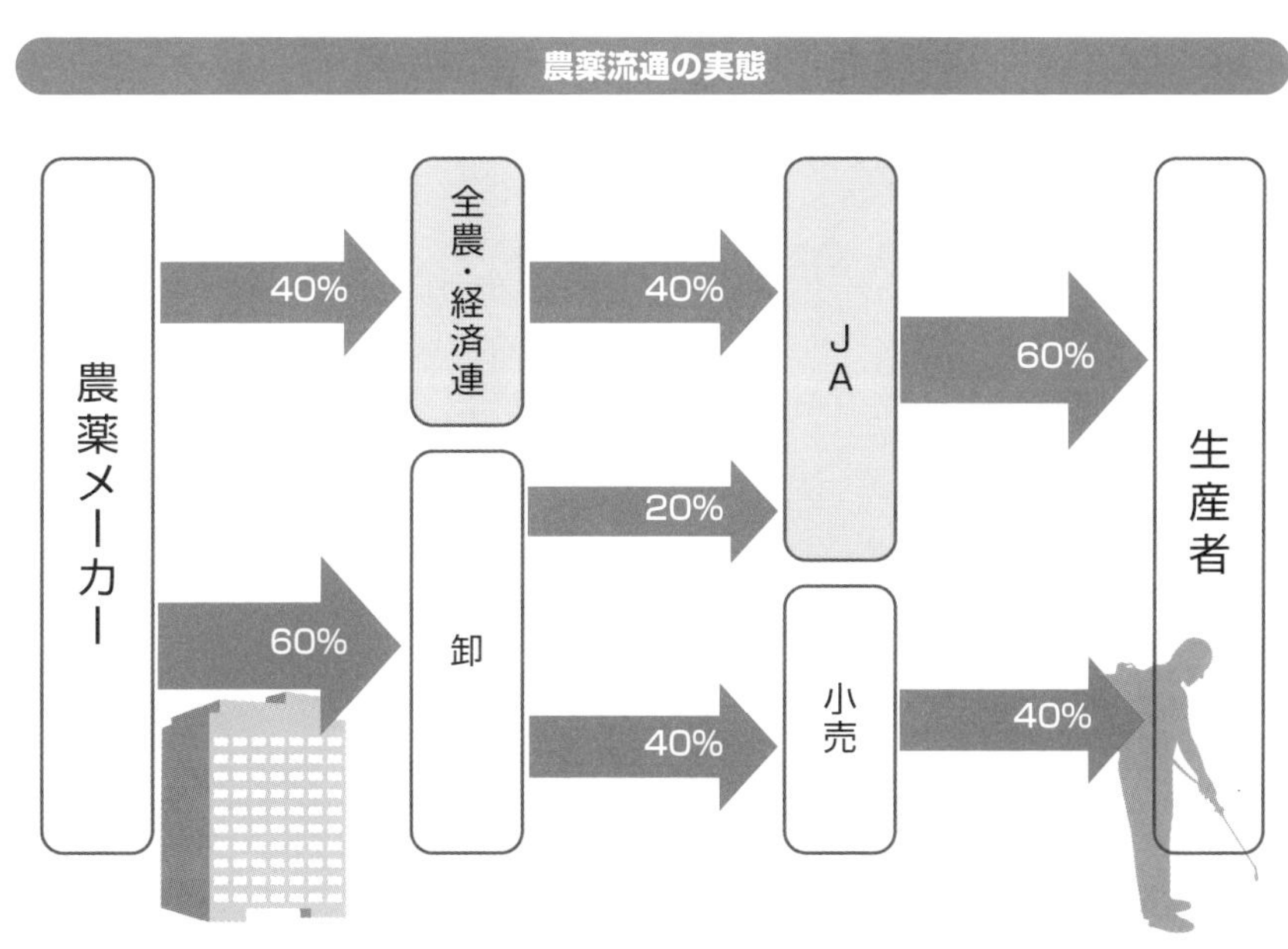

【農薬規制の法律】〈続き〉　一方、食品衛生法第13条第3項は、農薬の残留量が「人の健康を損なうおそれのない量」を超えた食品の製造・販売等を禁止するための法律で、「残留基準」として食品ごとに設定されており、「残留農薬のポジティブリスト制度」などと称されている。

国内肥料メーカーの動向

2

日本国内では、米価低迷のため生産農家が農業資材の購入を抑制したことなどにより、市場規模はかなり縮小しています。また、これまで肥料としては未利用であった下水汚泥、鶏糞（けいふん）燃焼灰、堆肥などの肥料原料としての活用を促進する動きがあり、肥料の製造コスト（原材料費）は流動的になっています。

●肥料の種類

肥料は成分によって次の三つに分類されています。**単肥**（窒素質肥料、リン酸質肥料、カリ質肥料）、**複合肥料**（配合肥料、化成肥料、ペースト肥料、たい肥）、**有機質肥料**など（魚カスなど動物質肥料、菜種油カスや大豆油カスなど植物質肥料、有機廃棄物肥料、堆肥化資材）。そして、農産物の生産コストに占める肥料の割合は一～二割程度といわれています。

単肥と複合肥料は「肥料の三大要素」である窒素、リン酸、カリウムから作られ、原料はほぼ全量が輸入されています。コストの約六割が原料代であり、農家の高齢化、農産物価格の低迷などによって、生産意欲が減退し、肥料の市場規模にも影響しています。

●肥料価格の高騰

日本の化学肥料（高度化成肥料）は、製造コストの約六割を原材料費が占めています。また、原料の多くを輸入に頼っていることから、肥料価格は、化学肥料原料の国際価格や運送費の影響を大きく受ける構造になっています。前記した三大要素の肥料原料の価格が急騰し、世界的な農業危機に見舞われ、日本でも政府が経済安保の重要物資に肥料を指定しています。

肥料は、集中生産・分散消費型の**バルキー**＊な重量物質で、販売価格に占める輸送費の割合が大きく、また需要に季節性があり、原油価格の変動影響を受けやすい商材であるため、政府が求めるような安定的な流通が困難になってきています。

＊**バルキー**　かさばる、大きいなどの意味の形容詞で、量感のある商品を指す。

●みどりの食料システム戦略と肥料

政府では食料・農林水産業の生産力向上と持続性の両立をイノベーションで実現するため、二〇二一年五月に**みどりの食料システム戦略**＊を策定しました。その中で、「二〇五〇年までに、輸入燃料や化石燃料を原料とした化学肥料の使用量を三〇％低減する」との目標を掲げ、有機物の循環利用や、施肥の効率化・スマート化の推進を図ることにしています。

具体的には、現状九〇万トンくらい使われている化成肥料を二〇五〇年までに三〇％減の六三万トンまで削減し、その代替策として、有機物の循環利用と施肥の効率化・スマート化を図るとしています。

さらに、肥料コストの低減を進めるため、土壌診断に基づき施肥量の基準の見直しや局所施肥など施肥量を低減する技術の導入を図るとしています。

また、化成肥料の銘柄を集約したり、ＪＡが農業者からの予約数量を積み上げ、競争入札にかけて価格を決定するなどの仕組みを徹底する計画です。

化学肥料の使用量（NPK 総量・出荷ベース）目標

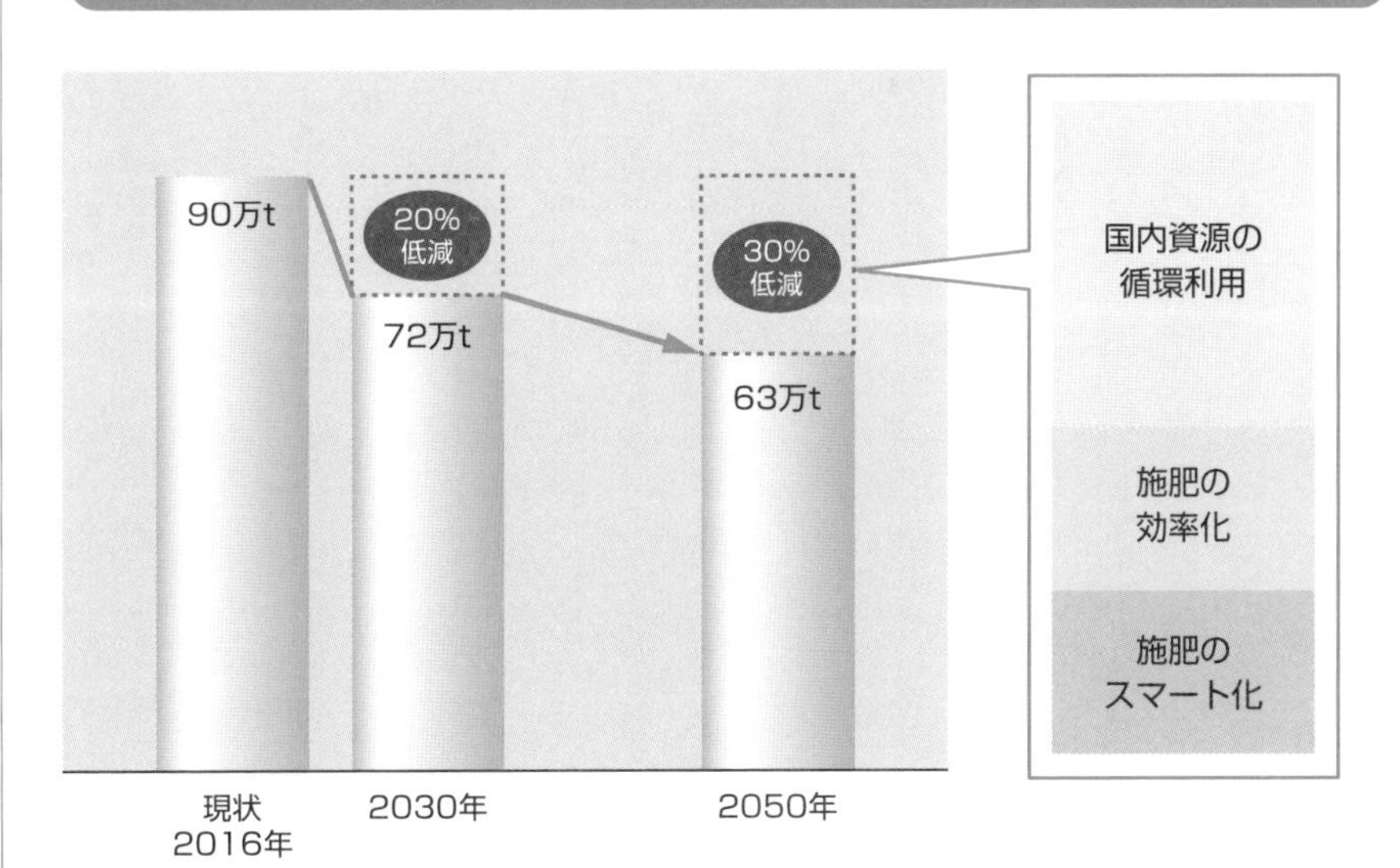

＊**みどりの食料システム戦略**　1-6節（p.24）参照。

国内飼料メーカーの動向

3

製品原価に占める原料費の割合が約九割と高いのが飼料メーカーの特徴で、近年はコスト削減のため、需要の多い地域を中心とした生産体制の構築に取り組んでいます。

●業界再編成への動き

飼料業界は、飼料専門の協同組合である日本飼料工業会系と、JA全農や全酪連（全国酪農業協同組合連合会）、日鶏連（日本養鶏農業協同組合連合会）などの農協系に大別されています。また、原料輸入を行う商社が軸となって、鶏・豚・牛などの畜産別や販売先の業態ごとに系統が分けられています。

輸入原料に依存する割合が極めて高く、海外での気候変動や為替変動などによる影響を受けやすく、需給に不安定さがあります。しかし、近年は飼料原料の輸入が全体的には減少傾向にあり、ここ数年は年間二四〇〇万トンを切る水準で横ばい状態になっています。最大手のJA全農が依然として全体の約三分の一に相当する輸入を取り扱ってきました。

●EPA*や農協改革の動きから

飼料業界においても、「農業競争力強化プログラム」による生産資材価格の引き下げに関する施策として、出荷量・出荷額の調整などから、経営統合など業界再編の動きが顕著になってきました。

さらには、EPAや農協改革といった農業を取り巻く環境の変化に合わせ、再編成が進んでいます。

二〇一四年に、協同飼料と日本配合飼料が経営統合してフィード・ワンが発足し、JA全農に次ぐ民間トップに躍り出ています。二〇一五年には飼料製造販売大手の中部飼料が伊藤忠商事の子会社の伊藤忠飼料と資本業務提携を行い、みらい飼料株式会社を設立しましたが、二一年に資本関係を解消し、再び独自の経営戦略を推進しています。

＊**EPA**　経済連携協定（Economic Partnership Agreement）。物品およびサービス貿易の自由化（自由貿易協定）と、貿易以外の分野での投資や政府調達、二国間協力等を含めて締結される、包括的な協定。

●畜産・食品業界の動きに連動して

飼料業界は、主要顧客である畜産業界や食肉加工業界の動向、そして総合商社による業界をまたぐ経営戦略にも大きく影響されます。先に述べた中部飼料と伊藤忠の業務提携でも、伊藤忠の食品戦略の一環としての動きにもなっています。伊藤忠では、プリマハムにも資本参加したほか、滝沢ハムにも出資し、丸大食品の発行済み株式の取得も進めています。

伊藤忠には「原材料調達から商品開発、販売物流機能までの協力関係を構築する」という経営戦略があり、国内だけでなく、中国市場など世界の食品市場におけるシェア獲得もにらんでの展開になっています。こういった動きは伊藤忠に限らず、三菱商事とハム業界二位の伊藤ハムとの業務提携でも同様です。

世界の畜産関連業界にも再編の波が押し寄せ、米国や中国の大手食肉加工メーカーの動きも、畜産から食品加工まで一連のつながりの中での世界戦略が根底にあります。さらに、**日EU・EPA***の発効後は、欧州の食肉加工業界も巻き込んだ動きになっています。

畜産物の食料自給率（2019年度）

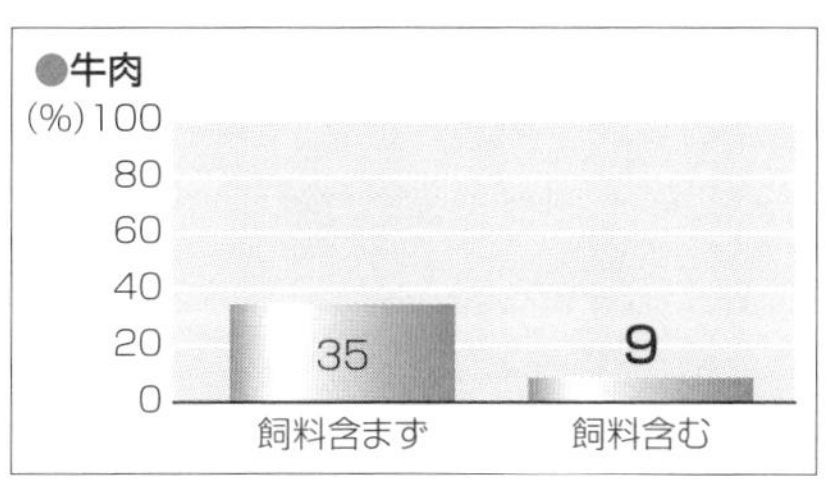

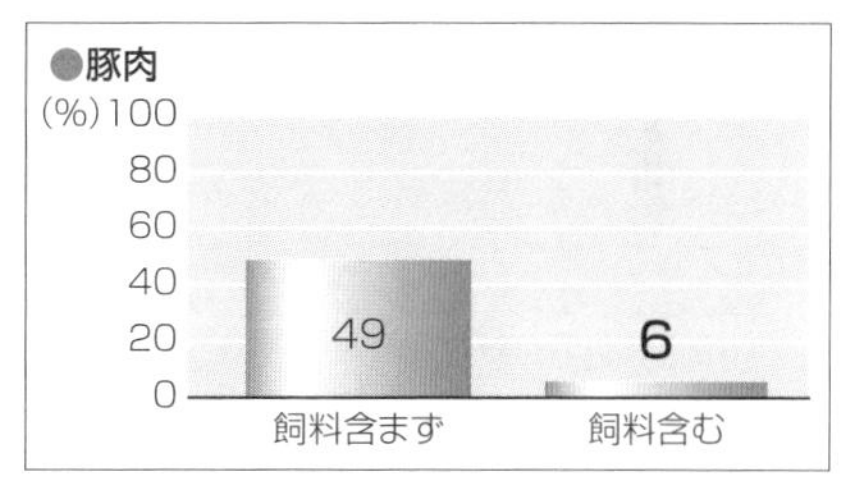

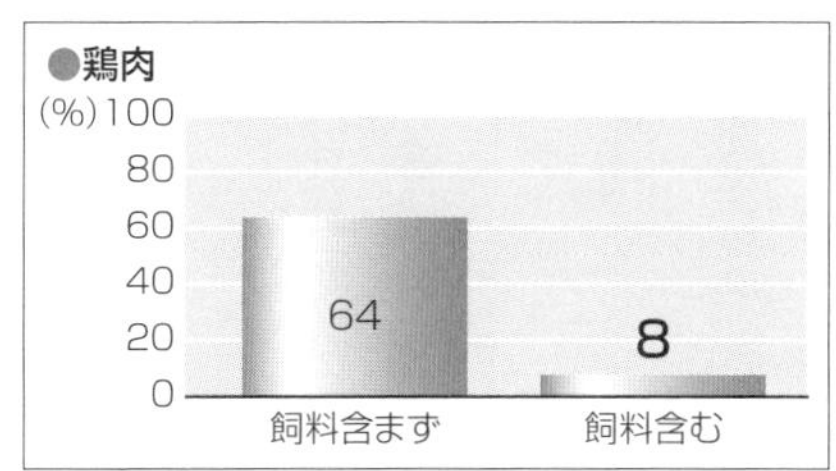

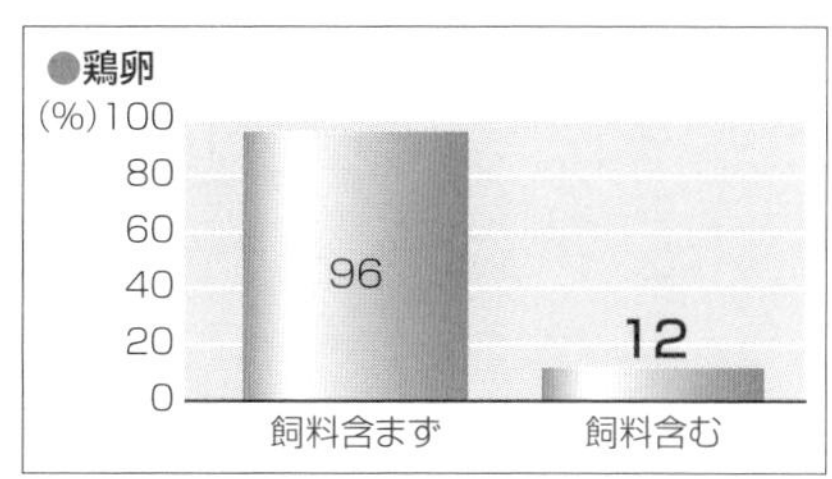

農林水産省食糧需要表参照（概算）

*** 日EU・EPA**　2018年に締結された、日本と欧州連合（EU）間における、貿易や投資など経済活動の自由化による連携強化を目的とする経済連携協定（EPA）。

4

注目されるアグリテック市場

経済産業省の「生産動態統計」によると、二〇二二年の農業用機械器具の生産金額は四六八五億円で、前年比二一・〇%の増加になっています。高齢化や後継者不足、働き手不足への対応から、省人化や省力化が求められています。

●スマート農業の実現に向けて

第4章で解説したスマート農業の実現のため、国の「スマート農業の全国展開に向けた導入支援事業」では、「農業支援サービス導入タイプ」と「一括発注タイプ」に分けて補助金を交付しており、その対象となる機械として、自動操舵装置、草刈機（自律走行式・リモコン式に限る）、農業用無人車（自律走行式・リモコン式で運搬用・防除用に限る）、中切機、ロボット摘採機、野菜・花きの乗用収穫機・収穫ロボット、RTK基地局（制御を要する機械と同時に導入する場合に限る）、ドローン、データ駆動型農業に資する機械（ロボトラ、可変施肥機能を持つブロードキャスタ・田植機、収量コンバインなど）を挙げています。

●アグリテック企業の動向

こういった新しいカテゴリーの農機具を、新しいテクノロジーで開発していくことを、農業×テクノロジーの略語で**アグリテック**と呼びます。

他産業に比べて機械化やデジタル化が遅れてきた農業ですが、現時点ではまだ実証段階ながら、コロナ禍によって社会経済活動のあり方が大きく変化し、消費者が求める価値やニーズの多様化が一層進み、海外市場における競争も厳しくなる中、農業や食関連産業でのデジタル変革を求める声は日増しに高まっています。かつては農機具メーカーというくくりに入れられていた企業は、今日、世界市場においてもアグリテック企業と呼ばれるようになってきました。

【次世代型農業支援サービス】 ドローンや自動走行農機などの先端技術を活用した作業代行やシェアリング・リースなどを次世代型の農業支援サービスといい、専門作業受注型や機械施設供給型、人材供給型、データ分析型などがある。

世界と日本の農業機械市場

世界には、大企業から中小企業まで、地域も先進国から新興国まで、数多くの農業機械メーカーが存在しています。米国に約九〇〇社、ドイツには約三〇〇社、インドには約一九〇社あるとされています。人口増加による食料需要の高まりにより、農業機械に対するニーズも大きくなっています。

世界大手の市場調査会社マーケッツアンドマーケッツ社の「農業機械の世界市場――二〇二五年までの予測」によると、世界の農業機械の市場規模は、二〇二〇年の九二三億米ドル（一〇・一兆円）から二〇二五年までに一二三〇億米ドル（一三・四兆円）に達するだろうと予測されています。年平均の成長率は四・二％になります。

一方、国内の農業機械メーカーは、日本農業機械工業会に登録されている農機メーカーが二〇二三年一月七日現在六二社ありますが、国内の二〇二二年の出荷額は累計四七六四億円で、前年比二〇・八％増になっています。

農業機械主要３機種の企業別シェア（国内）

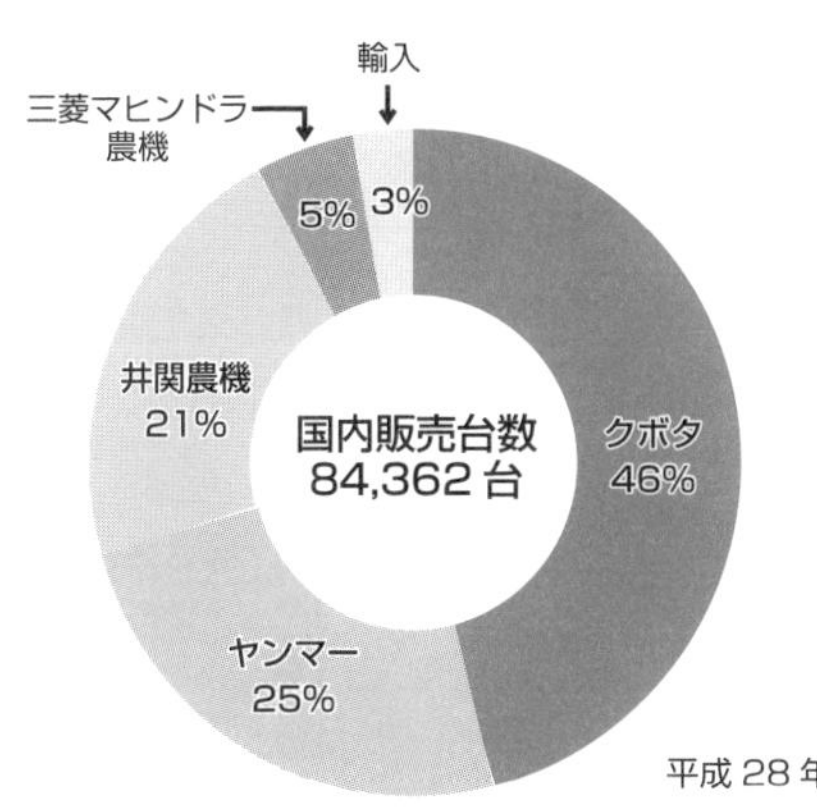

海外メーカーと国内代理店等の関係

海外の大型機械メーカー	国内代理店等
ジョンディア（米国）	ヤンマー
マッセイ・ファーガソン等（米国）	井関農機
マヒンドラ＆マヒンドラ（インド）	三菱マヒンドラ農機

平成 28 年度 食料・農業・農村白書より

出典：クボタ　https://www.kubota.co.jp/
ヤンマー　https://www.yanmar.com/jp/
井関農機　https://www.iseki.co.jp/
三菱マヒンドラ農機　https://www.mam.co.jp/

【「スマート農業新サービス創出」プラットフォーム】 スマート農業の推進にあたり、サービスビジネスの課題やコスト、リスク等について、関係者で共有・分析し、新たな商品・サービスの創出につなげていくことを目的に、2020年4月、「スマート農業新サービス創出」プラットフォームが設立されている。

5 種苗メーカーの動向

世界の種苗業界は八〇年代以降、まさに激動の時代を経験しました。業界への世界的資本の参入、科学技術の飛躍的進展など、業界を取り巻く環境は日々変化しながらも、需要は確実に伸びていきました。技術革新が世界と日本の種苗業界にもたらしたものを見ていきます。

●世界の種苗業界

世界の種苗業界には、八〇年代以降に顕著な特徴が現れます。八〇年代当時、世界の種苗会社のトップは純粋な種苗会社が占めていました。しかしながら、**バイオテクノロジー**＊の発展とその市場化の可能性に目を付けた多くのベンチャー企業や農外資本が参入してきます。折からの企業のM&Aブームも手伝い、業界が再編されました。今日、世界の種苗の貿易額は四五〇億ドル（約五兆円）程度で、種苗会社の種苗売上高を見ると、バイエル（旧モンサント）（ドイツ）、コルテバ・アグリサイエンス（米国）、シンジェンタ（スイス）などが上位を占めており、日本からもサカタのタネおよびタキイ種苗が世界上位一〇社に入っています。

●穀物と果樹が国内産

農水省の調査では、日本の種苗産業の市場規模は約二五六八億円と推計され、内訳として穀物三二一億円、果樹二六六億円、野菜一六八九億円、花き三〇〇億円となっています。穀物と果樹はほぼ全量が国内で生産されています。野菜と花きの種子の多くは交雑品種（F1品種）であり、野菜の場合は「多種多様な品目を供給するため種子も安定的に生産する必要がある」、「野菜は原産地に似た気候で育てた方が良質な種子ができる」などの理由により、約九割が海外で生産されています。野菜の種子の輸入金額が多い順に、チリ、米国、中国、イタリア、南アフリカとなっています。

＊**バイオテクノロジー**　生物ないし生命現象（バイオ）を生産に応用する技術。近年は遺伝子組み換えと細胞融合の技術を中核としている。

●種苗の技術革新

もともと種苗は、牧歌的な農民の知恵や慣習、地域間の種苗交換などで発展し継承してきたものでした。しかしながらバイオテクノロジーの進展と企業のM&Aでバイオメジャーに吸収され、上位五社が世界シェアの六割を占めるという業界の寡占化が深刻化しています。まさに「種子を制する者は世界を制する」という言葉が実現されようとしています。九〇年代に強力な除草剤を開発し、その除草剤に強い抵抗力を持つ種苗をセットで販売し始めたのが、今日、業界のトップカンパニーである**バイエル**＊（旧モンサント）です。寡占化し、支配力を強めることの弊害として、「企業の恣意的な決断」「効率性を最優先することのリスク」「消費者・農業者の権利の軽視」があります。種苗会社は自社の特許・権利と利益を守るため、次世代の発芽ができないように遺伝子操作された種を開発しました（ターミネーターテクノロジー）。米国では、遺伝子操作された作物が大半を占め、一〇〇年で野菜の品種の九割が失われました。

国内大手種苗メーカーの概要

(株)サカタのタネ	売上高：730億円／経常利益：121億円（2022年5月期連結ベース） https://www.sakataseed.co.jp/
タキイ種苗(株)	売上高：504億円／経常利益：57億円（2022年4月期） https://www.takii.co.jp/
カネコ種苗(株)	売上高：606億円／経常利益：19億円（2022年5月期連結） http://www.kanekoseeds.jp/

その他の国内種苗メーカー

トキタ種苗(株)　(株)日本農林社　ヴィルモランみかど(株)
(株)武蔵野種苗園　渡辺農事(株)　雪印種苗(株)
(株)久留米原種育成会　…など

＊**バイエル**　ドイツに本部を置く化学工業・製薬会社（多国籍企業）。2018年に米国のバイオ化学メーカーのモンサントを買収している。

6

農業資材メーカーの動向

農業資材といわれるものは幅が広く、灌水用の土木資材や培土、土壌改良材、ハウス用パイプ、防鳥ネット……など、農業生産に必要な資材の総称になっています。本節では、農業用温室に使われる栽培装置・機器・資材の市場を中心に解説します。

●強い農業を目指した資材

農業資材関連の分類別市場構成比では、栽培装置・機器・資材が全体の約八割を占め、次いで養液栽培プラント、環境負荷低減型アグリ資材、栽培IT・ネットワーク技術の順になっています。

政府では、「強い農業・担い手づくり総合支援交付金」を活用した施設園芸での資材や装置、機器購入などに対する支援活動も行っていますが、業界においても、養液栽培プラントの輸出推進や食の安全意識向上に伴うトレーサビリティの強化に伴う設備の市場拡大が期待されることから、IT・ネットワーク技術や環境負荷低減型アグリ資材など、新しい製品の開発などを積極的に進めています。

●復興特需と施設栽培の拡大

ビニール／ガラスハウスは、震災や自然災害の復興特需として需要が著しく拡大することもありますが、中長期的には施設栽培需要の拡大に伴って緩やかに需要が伸びています。

専業メーカーというより、建設資材メーカーなどが兼業で製造・販売しているケースが多いです。また、パイプハウスには統一の規格がなくて注文生産が多いために型式がとても多く、大手メーカー一社で五〇種以上の型式を持っているところもあります。日本では施主である農業者が、農地の広さや土地の形状に合わせて注文し、パイプの切断や曲げ加工も注文ごとに行われることが多くなっています。

【TOWER FARM（タワーファーム）】 養液栽培プラントのトップメーカー「嘉創」の製品。タワー型構造で「野菜」や「フルーツ」の栽培にも対応しているスマート水耕栽培システム。センサー情報はスマートフォンでの確認が可能になっている。https://ka-so.jp/

●新しい技術の導入

市場の商品分類としては、灌水・給液管理装置、栽培用空調機器、植物育成用光源、固形培地、ビニール／ガラスハウス、養液栽培用肥料――の六分野くらいに分けられますが、全体としては約五〇〇億円ほどの市場規模になります。

新しい技術の動きとして、栽培用空調機器については、重油などを燃料としたボイラーと電気を動力とした**ヒートポンプエアコン**＊に大別されますが、重油価格の高騰などから、近年は農水省が燃油価格高騰緊急対策として補助事業を行い、ヒートポンプエアコンの導入が拡大しています。

植物育成用光源では、蛍光灯からLEDを光源とする設備に移行し、電気料金の低減によるコストダウンが図られています。

ビニール／ガラスハウスにおいても、低密度ポリエチレンや高密度ポリエチレン、ポリプロピレンなどを原料樹脂としたフィルムを中心に、用途に応じた新素材の資材が開発されています。

農業用温室に関する業界構造や法規則

生産の状況	業界構造等	法規制等
国内販売額（推計）…250～400億円	強度の業界基準等 ・建築資材メーカーなどが兼業で製造・販売するのが通常の形態 ・パイプハウスは規格がなく、注文生産のため、型式が多い（大手1社だけで50種以上）	・業界基準や補助事業対象要件（耐風速50m/秒）により、必要以上の強度のハウスの整備が多い

平成28年度 食料・農業・農村白書より

＊**ヒートポンプエアコン**　熱交換式空調。空気中などから熱を集めて、大きな熱エネルギーとして利用する技術を用いた空調設備。

規格がマチマチな段ボール箱

日本での段ボール原紙生産量は約九二〇万トン。そのうち、青果物用の占める割合は約一一%で一〇〇万トンほどになります。二〇〇〇年以降、飲料を含む加工食品用の段ボール生産量は増加したものの、青果物用は横ばいの状況が続いています。

段ボール箱は受注生産が一般的であり、実需者であるJA生産部会などが用途や材質その他を決め、JA等を経由して段ボールメーカーに発注しています。そのため、段ボール原紙の材質や寸法、撥水（はっすい）・耐水性の有無、箱の型など、様々な規格の段ボール箱が流通しています。

また、一つの産地でもマチマチな規格のダンボールが混在していることが、コスト引き下げを難しくしている、と指摘されています。

日本の段ボール市場は、原紙製造メーカーが王子グループを筆頭に六三社あり、レンゴーグループ、日本製紙グループ、大王製紙グループ、丸紅グループの大手五社系列で約八割を占めています。

寡占化の状況と問題点

また、段ボール箱の製造メーカーは全国に約二四〇〇社あるものの、原紙から箱までを一貫して製造する先述の大手五社が約七割のシェアを持ち、残り三割を二四〇〇社で製造しているという構図になっています。

さらに流通面でも、農業用段ボールでは農協系統が約八割（全農五割、経済連等とJAが三割）を占め、その他がホームセンターや資材店、段ボールメーカーへの直接発注などで占められています。

このように、製造と流通の段階において寡占化の状況にあり、それがコスト低減の障害になっているのではないか、という指摘もあります。

そこで農水省では、現在使用されている段ボール箱について「内容物や輸送距離に応じた必要強度などに照らしてオーバースペックになっていないか」の調査を行い、統一寸法の段ボール箱を利用することによるコスト削減などの視点から、現在の段ボールの取り扱いの合理性を検証する必要がある、としています。

【クローズド・ループ・リサイクル】　JA全農グループから出される使用済み段ボール箱のリサイクルに向けた取り組み。古紙のリサイクルを限定されたサプライチェーンのなかで行うことで生産者への段ボール箱の安定供給にもつながる取り組みとして注目されている。

●通い容器によるコスト低減

青果物の出荷においては、使い捨ての段ボールから、複数回利用可能なプラスチックコンテナや鉄コンテナなどの通い容器に切り替えることで、流通経費の削減が可能ではないか、という指摘があります。

しかしながら、通い容器は回収にコストや手間がかかるほか、規格が単一であるため多様な大きさや形状を持つ農産物への柔軟な対応が困難であるなど、適用の範囲には一定の制約が出てきます。

加工・業務用キャベツの事例では、鉄コンテナの導入により、段ボールを使用した場合に比べて出荷資材費の約四割を削減できる、という試算もあります。そこで農水省では、流通の合理化と効率化を図る際に必要な技術実証の取り組みを支援すると共に、優良事例の情報発信などによって通い容器の活用を推進しながら、段ボールを含めた流通資材のコスト低減により生産者の利益を確保したい、としています。

段ボール箱の取扱数量の推移

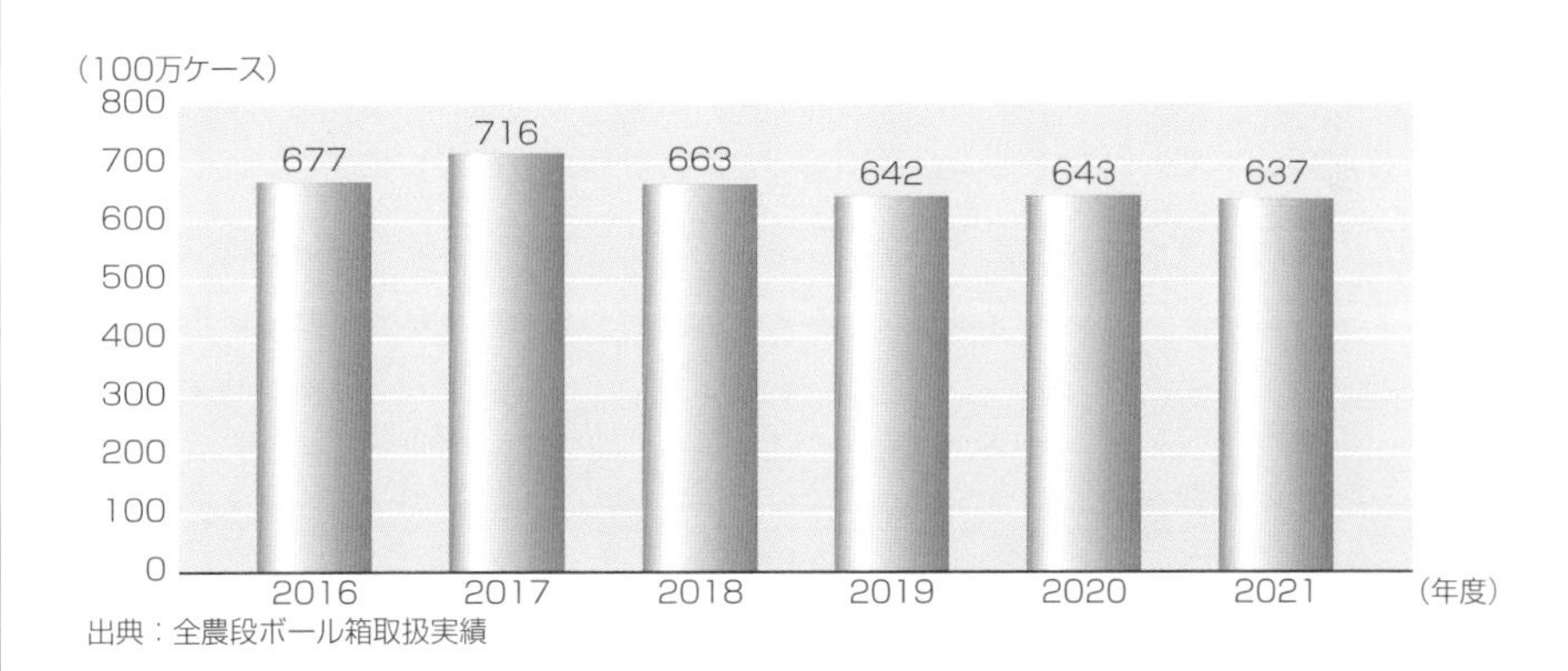

出典：全農段ボール箱取扱実績

日本のダンボール古紙の回収率は95%以上と高く、リサイクルの優等生といわれている。

段ボール▶

肥料業界の事情

意外にも肥料の原材料は日本での採取が少なく、ほとんどを外国から輸入しています。世界の肥料企業の本拠は原材料の採取地の周辺にあり、海運などによって運ばれてきます。

肥料の3大原材料はリン酸、カリウム、窒素となっていますが、それらの産出地は偏在しており、その産出地周辺での製造加工が行われています。肥料製造コストの6割以上が原材料費となっており、いかにして原材料を確保するか（採掘権を握る）が、国際競争を勝ち抜く鍵となっている状況です。

肥料業界の日本での市場規模は4000億円程度と推計されていますが、原材料はほとんど採取できず、国内に流通している肥料の95%以上は国外で製造された製品です。国内の肥料業界は比較的安定しており、逆にいうと、競争力のある外国の肥料企業があまり進出してきていない状況ともいえます。

世界の人口が増大しつつある状況に対応し、農作物の生産量と肥料の需要も右肩上がりで拡大していく中で、これからは為替相場や世界の情勢から影響を受けにくい自前の日本産の肥料を作る必要があり。検討が進められています。これまで未利用だった国内地域資源（下水汚泥、牛糞、鶏糞燃焼灰、堆肥など）を肥料の原材料とする伝統的肥料生成方法の見直しと活用を促進することが求められています。

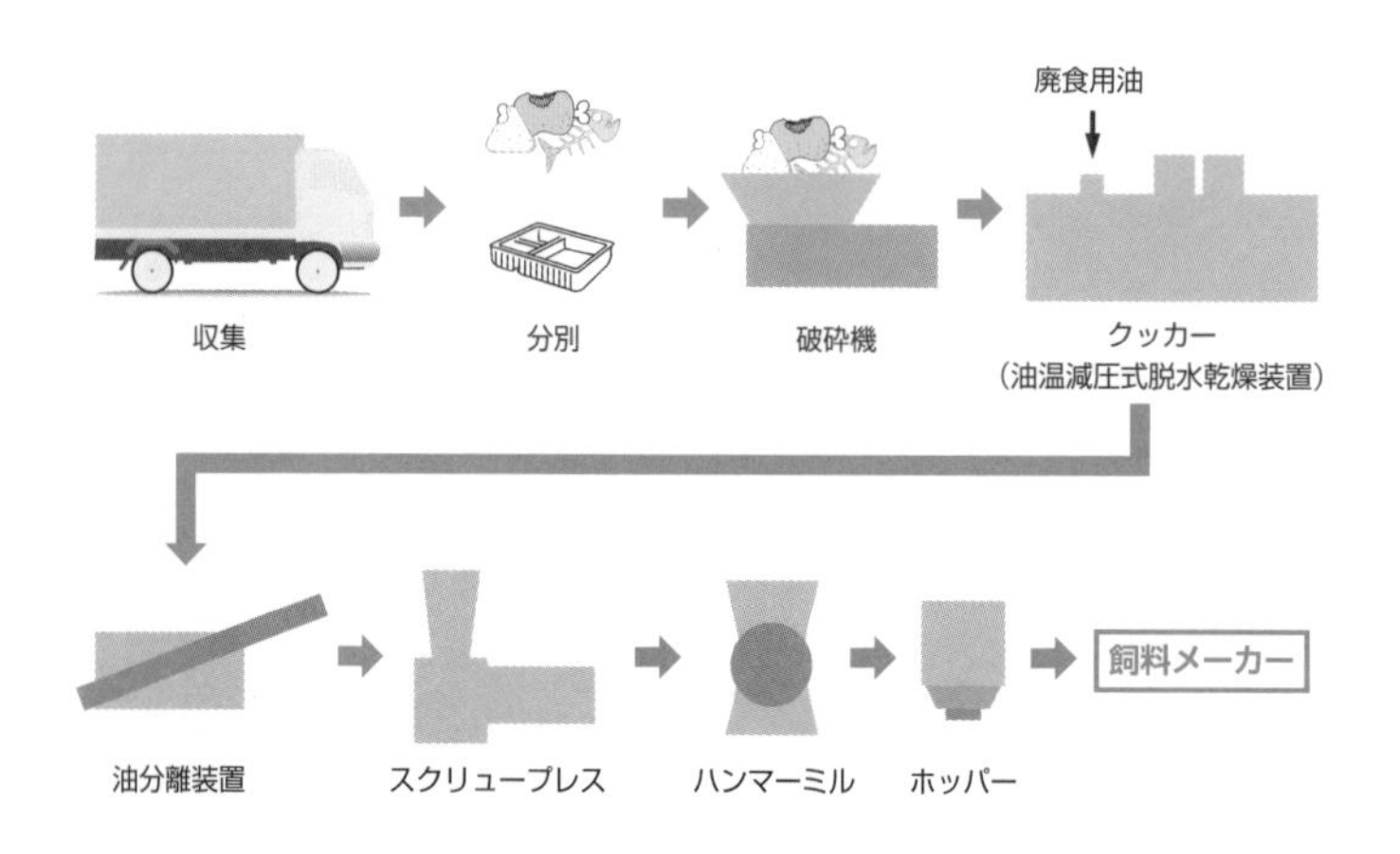

農業と金融支援

戦後の日本の農業は小規模な家族経営が中心で、金融支援の主体も農業協同組合の金融部門（現在はJAバンクと総称）および旧・農林漁業金融公庫（現在は日本政策金融公庫に統合）が中心でした。

しかし、近年は農業法人による大規模経営や国の農商工連携、六次産業化支援など、他産業との連携に絡む補助事業が増えてきたことから、銀行や信用金庫、リース会社などの民間金融機関も、制度金融などを含め、成長産業としての農業に対する融資を増やしてきています。

1

農業金融の動向

農業に対する金融支援では、民間金融機関の占める比率は約一五%にとどまり、残りを日本政策金融公庫などの政府系金融機関とJAバンク系（農林中央金庫ほか）がほぼ二分する「寡占市場」になっています。

●コロナ禍への対策

国は、コロナ禍による減収などで資金繰りが苦しくなったり既往債務の返済が困難になった農業者などへの金融支援を行っています。農林漁業セーフティネット資金や**スーパーL資金***（農業経営基盤強化資金）、経営体育成強化資金、農業近代化資金では、貸し付け当初五年間の無利子融資や実質無担保等での融資が受けられます。既往債務の返済についても、農業経営負担軽減支援資金、経営体育成強化資金、スーパーL資金などの活用で、既往債務の償還猶予や負債整理資金としての利用が可能になっています。また、新たに販路拡大あるいは省力化などの施設整備に取り組む農業者への金融支援も行われています。

●セーフティネット資金の活用

コロナ禍や台風などの大型の自然災害により農業経営の維持安定が困難になった農業者を対象とし、一時的な影響への緊急的な対応に必要な長期かつ低利な資金が**農林漁業セーフティネット資金***です。対象は認定農業者や主業農業者、認定新規就農者、集落営農組織など。融資限度額は六〇〇万円以内（簿記記帳を行っている場合は年間経営費等の一二分の六以内）、返済期間は一五年以内（うち据置期間三年以内）となっています。利子助成により、貸し付け当初五年間実質無利子での融資を受けることが可能で、実質無担保・無保証人での借り入れが可能です。

***スーパーL資金**　3-1節参照。

●制度融資と民間金融機関の対応

日本政策金融公庫の農林漁業者向けの二〇二一年度の融資実績は約五〇〇七億円で、このうち農業が占める割合は全体の八一・六%の四〇八四億円、次いで加工流通が一〇・三%の五一四億円、以下、漁業二一九億円、林業一九〇億円となっています。

また、農業のうちスーパーL資金が三〇一一億円、その他が一〇七一億円となっています。日本政策金融公庫では、コロナ禍や自然災害などでのセーフティネット機能の発揮や、コンサルティング融資活動の推進、財務分析による現状と課題の共有、協調融資や委託貸付など、農林漁業分野における民間金融機関連携の推進を図っています。

一方、民間金融機関の農業に対する取り組みも活発化しています。近年、農業経営の大規模化や農商工連携など、農業の業態そのものが大きく変化してきており、農家経営全般での経営資金や設備投資、新商品開発の研究費など多様になってきました。

農林漁業セーフティネット資金の融資実績（2021年度）

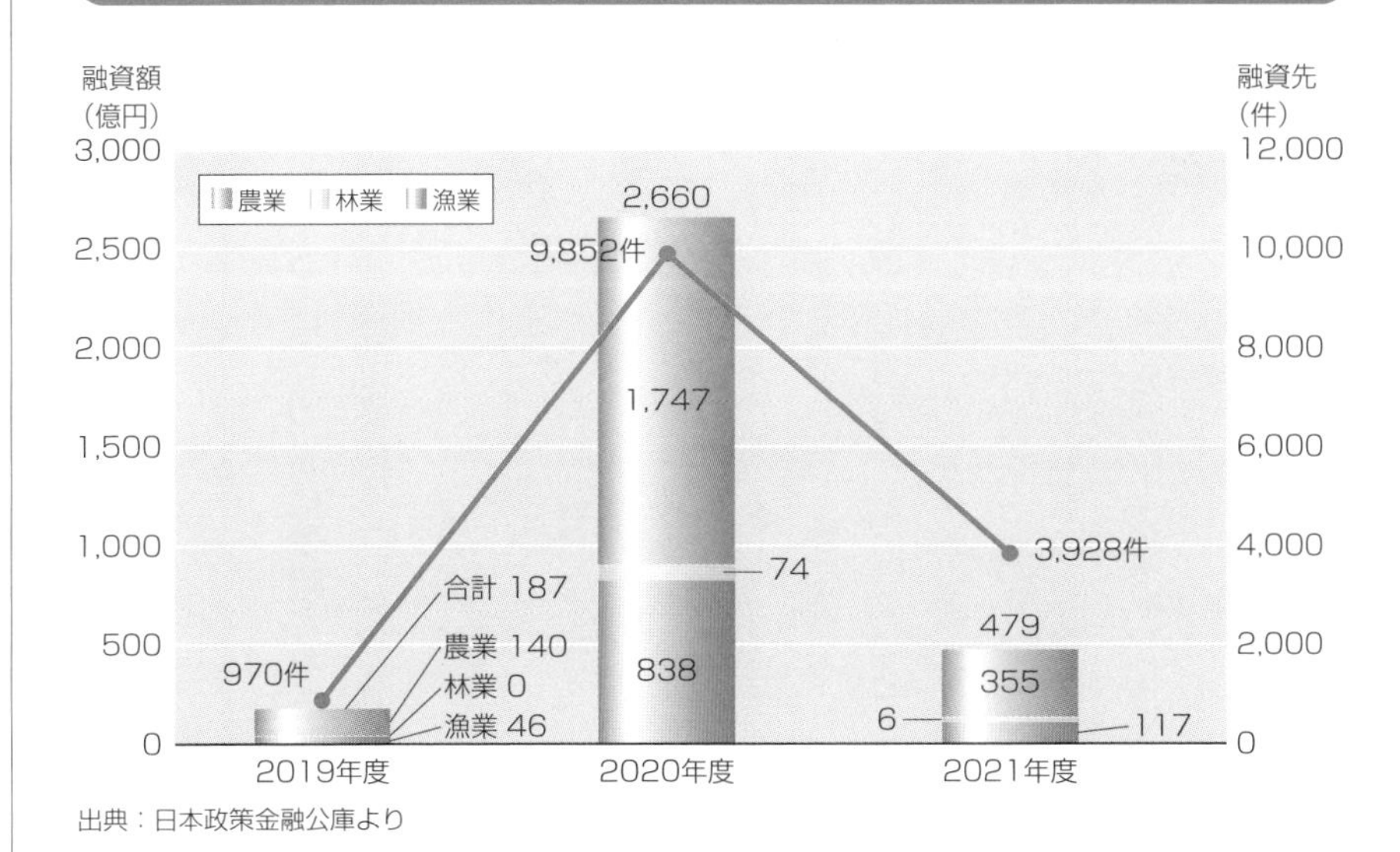

出典：日本政策金融公庫より

＊**農林漁業セーフティネット資金**　台風、冷害、干ばつ、土砂崩壊、地震、雪害などの災害で被害を受けたとき、BSEや鳥インフルエンザなどの発生に伴う家畜の殺処分、畜産物の移動制限など行政による規制、倒産や貸し倒れなど社会的・経済的環境の変化による経営状況の悪化によって、経営に影響があったときの金融支援。

2 農業信用保証保険制度

農業金融に関する施策では、「農業者などの信用力を補完し、必要とする資金が円滑に供給されることにより、農業経営の改善、農業の振興に資する」ことを目的として、「農業信用保証保険制度」が設けられています。

●農業者などの債務保証

具体的には、農業協同組合や銀行等の融資機関から資金の貸し付けを受ける農業者などの債務を、各都道府県の農業信用基金協会が保証し、その保証について独立行政法人農林漁業信用基金が行う保証保険により補完する――という仕組みになっています。

また、独立行政法人農林漁業信用基金は、農業信用基金協会が保証する場合を除き、融資機関の大口貸付等について直接保険引受をする融資保険を行っています。債務保証の対象者は、農業（畜産業および養蚕業を含む）を営む者および農業に従事する者、その他農業を営む者および農業に従事する者が組織する法人などです。

●保証の対象資金

「農業を営む者」については、個人・法人・任意団体のいずれであっても該当します。また、「農業に従事する者」には、農地を所有せず、また農業経営を行っていないものの、農業を営む者に雇用されている人や、委託を受けて農作業を行う人も該当します。

農業者の経営規模の拡大などに利用される農業近代化資金や、新規作物を導入する場合などに利用される農業改良資金といった制度資金、あるいは農業に必要な事業資金など、様々なニーズに応じた資金を債務保証の対象としています。

なお、負債整理資金については、制度資金などの制限から、**農業信用基金協会**＊での確認が必要です。

●農業信用基金協会とは

農業信用保証保険法に基づく法人で、農業者が必要とする資金の円滑な融通を図るために設立された公的な保証機関です。各都道府県ごとにあり、都道府県を区域として債務保証業務を行っています。

農業信用基金協会は、債務保証の対象として定められた融資機関の債務保証を行います。二〇二二年三月三一日現在、農業信用基金協会と債務保証契約を締結している融資機関のうち、名称の公表について同意を得られた融資機関のリストが、下記のURL*に掲載されています。

近年は、農業への進出を予定している中小企業者の信用力を補完し、金融の円滑化を図る制度として、信用補完制度が利用できます。また、農業融資保険は、農業信用基金協会が保証を行う場合を除き、大口貸付などについて独立行政法人農林漁業信用基金が直接保険引受をする仕組みであり、農業者によく利用されています。

農業信用基金協会の仕組み（愛媛県の場合）

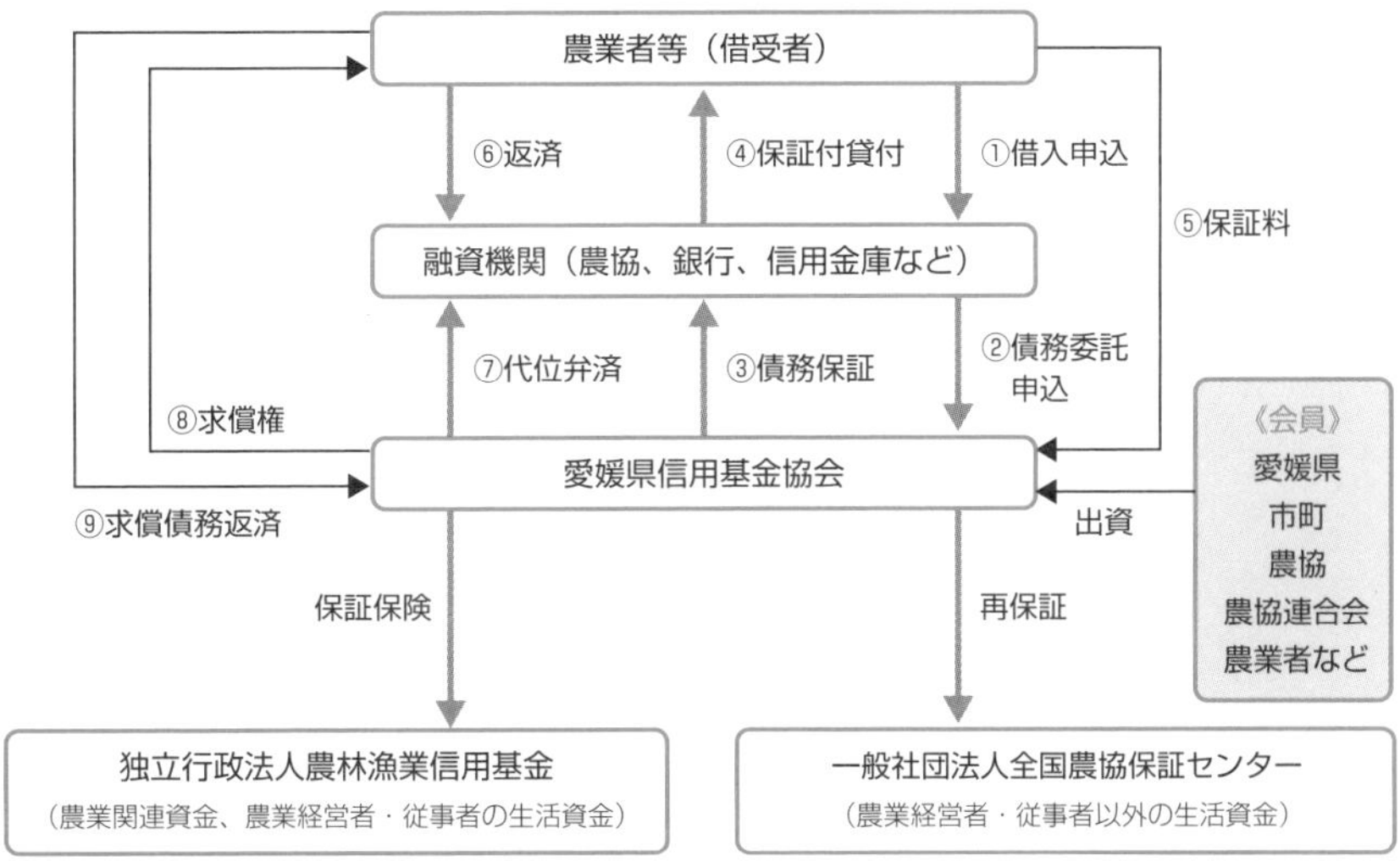

農業者等（借受者）
⑥返済
④保証付貸付
①借入申込
⑤保証料
融資機関（農協、銀行、信用金庫など）
⑦代位弁済
③債務保証
②債務委託申込
⑧求償権
愛媛県信用基金協会
⑨求償債務返済
出資
《会員》
愛媛県
市町
農協
農協連合会
農業者など
保証保険
再保証
独立行政法人農林漁業信用基金
（農業関連資金、農業経営者・従事者の生活資金）
一般社団法人全国農協保証センター
（農業経営者・従事者以外の生活資金）

＊ https://www.maff.go.jp/j/keiei/kinyu/hosyo/attach/pdf/hosyou-16.pdf

3 日本政策金融公庫の取り組み

日本政策金融公庫（略称：日本公庫）は、二〇〇八年一〇月に国民生活金融公庫、農林漁業金融公庫、中小企業金融公庫を統合して設立された政府全額出資の政策金融機関です。農林漁業金融公庫の業務を引き継ぎ、国の政策に基づいて農業経営の支援に当たっています。

●事業性評価融資

7-1節でも紹介した日本公庫は、担保や保証人に必要以上に依存することなく、農業者の事業性を評価した融資に積極的に取り組んでいます。

日本公庫独自の「経営ビジョンシート」を活用し、農業者の経営能力や経営戦略を積極的に評価する「**事業性評価融資**＊」を行っており、最近では、農業経営を新たに開始する新規就農者向けの「青年等就農資金」の融資実績を増やしてきています。農業者（個別経営体）が経営を維持・発展するために利用する資金や、農業基盤整備資金、担い手育成農地集積資金なども取り扱っています。また、食品産業分野での設備投資にも対応しています。

●セーフティネットなど

近年の食品産業分野への融資では、食品製造業者や食品流通業者における衛生管理意識の高まりから、HACCP（4-6節参照）導入のための設備投資の融資が増えています。また、台風や長雨などの自然災害により一時的に経営が悪化した農林漁業者などへの支援策として、相談窓口を速やかに設置すると共に、融資や返済条件の緩和などにも対応しています。

さらに、3-3～4節で紹介した「人・農地プラン」に基づき、競争力・体質強化に向けて意欲的に生産拡大等に取り組む農業者などへの支援を目的として、貸し付け当初五年間の金利負担が実質無利子となる制度を設けています。

＊**事業性評価融資**　保証・担保にとらわれず、事業の内容や成長可能性などを適切に評価して融資すること。農業では、農業者の事業性に重点を置いた審査を推進し、新たな事業分野への進出や規模拡大などで必要となる資金を、担保の充足に過度に依存せずに円滑に供給する融資。

●構造改革を反映して

日本公庫の農林水産事業での二〇一七（平成二九）年度上半期の融資実績は、担い手農業者などの設備投資を積極的に支援した結果、前年同期比一三九％と大幅に伸びています。

担い手による農地の集積や飼養頭数の拡大など、農業分野を中心に構造改革が進んでいることを反映した結果になっています。

営農類型別の融資件数では、全体の約七割を占めている種目のうち、野菜がいちばん多く、次いで稲作になっています。畜産は、件数こそ全体の三割ですが、営農類型別の融資額では、一件当たりの融資額が大きいために全体の約七割を占めています。

近年は、規模拡大や六次産業化、輸出といった攻めの経営展開に取り組む農業者への融資や、新たに農業経営を開始する新規就農者向けの青年等就農資金の融資が増えてきています。

日本政策金融公庫の農業融資実績の内訳（2021 年度）

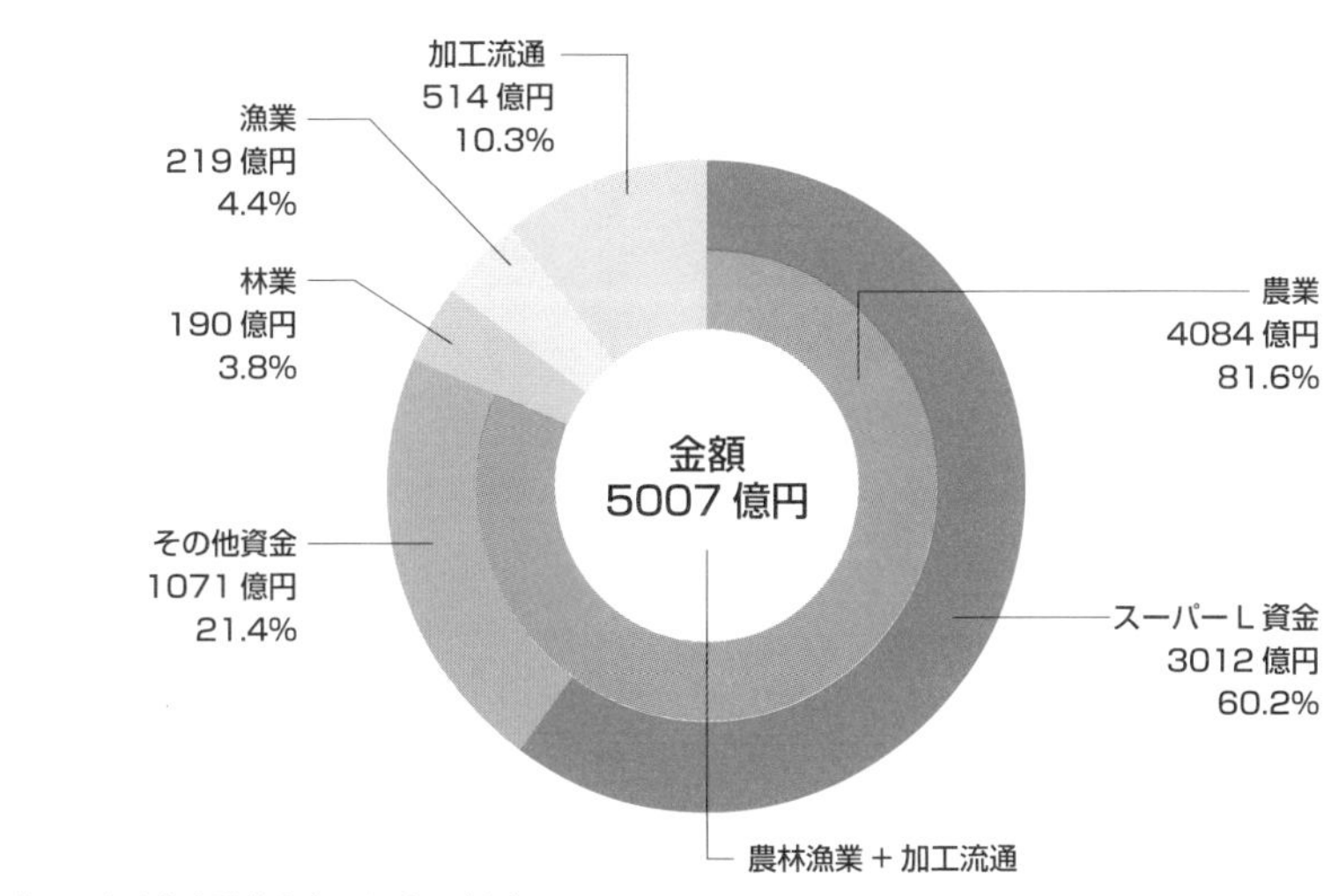

出典：日本政策金融公庫ホームページより

4 ＪＡグループの取り組み

ＪＡグループにおいて金融事業を担うＪＡバンクは、全国に民間最大級の店舗網を展開しているＪＡバンク会員（ＪＡ、信用農業協同組合連合会〈ＪＡ信農連〉、農林中央金庫〈農林中金〉）で構成するグループの総称です。「農業メインバンク」としての地位を確立し、農業金融強化の要となっています。

●ＪＡバンクの取り組み

ＪＡバンクは、各種プロパー農業資金や農業近代化資金、日本政策金融公庫資金の取り扱いを通じて、農業者の農業経営と生活をサポートしています。

二〇二三年三月末時点のＪＡバンクの貯金残高は一〇八兆三四二一億円で、前年比一・四％の増加になっていますが、貸出残高は二二兆三三七〇億円で、前年比三・四％の増加です。このうちＪＡバンクローンの残高は一一兆六〇九七億円で、前年比七・八％の増加となっています。

農業関係資金のうちプロパー農業資金は、ＪＡバンク原資の資金を融資しているもので、国の制度資金以外のものをいいます。

●ＪＡバンク中期戦略

ＪＡグループでは、二〇二二～二〇二四年の「ＪＡバンク中期戦略」を策定しています。基本的方針として、「持続可能な農業の実現」「豊かで暮らしやすい地域共生社会の実現」「協同組合としての役割発揮」を目指すべき姿とし、引き続き日本農業のメインバンクとして、良質で高度な金融サービスの提供を通じて、「農業所得増大」と「地域活性化」に貢献することを目標に、「農業所得増大・地域活性化応援プログラム」を活用し、農業生産拡大等に直接寄与する支援策のほか、農山漁村発イノベーションや農地集約化・法人化、農業継承のサポートに取り組んでいくとのことです。

【JAグループの概要】 JAグループが経営の合理化やJA同士の合併を進めてきた結果、1991年3月末に全国で3000以上あったJAは、2022年4月1日現在、551となっている。なお、2020年の正組合員数は410万人、准組合員数は632万人。

●JAバンクの事業基盤

二〇二二年九月末現在でのJAバンクにおける預貯金の流れを見ると、農業者からの預金約一〇九兆円は市町村段階のJAの運用資産となり、総額一一〇兆円となった運用資産のうち約六六兆円が都道府県段階のJA信農連の運用資産となり、一四兆円が農林中央金庫の運用資産となります。JA信農連の運用資産は七四兆円で、このうち四一兆円が農林中央金庫の運用資産となります。農林中央金庫の運用資産の総額は九八兆円になります。運用資産から預け金を差し引いたJAバンク合算総資産額は一六二兆円となっています。

二〇二二年三月末現在での国内個人預貯金残高シェアで、JAバンクは約九・八%を占めています。ちなみに同年のゆうちょ銀行は一九・八%、全国の信用金庫の総額は一二・二%となっています。また、JAバンクの農業融資は、直近期で新規実行額が九八六四社、三八二二億円で、前年より四七一億円の減ですが、取引社数・残高は増加しています。

JAグループの中期計画（2022～2024年）の体系図

経営理念

「私たち全農グループは、生産者と消費者を安心で結ぶ懸け橋になります」

1. 営農と生活を支援し、元気な産地づくりに取り組みます。
2. 安全で新鮮な国産農畜産物を消費者にお届けします。
3. 地球の環境保全に積極的に取り組みます。

2030年のめざす姿

「持続可能な農業と食の提供のために
"なくてはならない全農"であり続ける」

全体戦略

①生産振興　②食農バリューチェーンの構築
③海外事業展開　④地域共生・地域活性化
⑤環境問題など社会的課題への対応
⑥JAグループ・全農の最適な事業体制の構築

長期（2030年）

事業戦略
（検討体制：耕種／畜産／くらし／海外／管理）

全体戦略をもとに、「耕種」「畜産」「くらし」「海外」「管理」の各事業分野別に事業戦略を策定

中期（3カ年）

【JAバンクの規模】　JAバンクを構成する会員（JA・JA信農連・農林中金）の合計数585、JA貯金残高108兆3421億円、貸出金残高22兆3370億円（2022年7月現在）。

5 活発化する民間金融機関との連携

二〇一六年の改正農地法施行によって、農地を所有できる法人の要件が緩和され、法人による農業への新規参入と共に、銀行による農業法人への出資が可能になりました。併せて、日本政策金融公庫と民間金融機関の連携も活発化しています。

●増える協調融資*

日本政策金融公庫の農林水産事業では、二〇二二年三月末時点で、六一五の民間金融機関と業務委託契約を締結しているほか、四〇八の民間金融機関と「業務連携・協力に関する覚書」を締結し、民間金融機関の農林漁業分野における融資への参入を支援する取り組みを行っています。

また、日本政策金融公庫では農林漁業・加工流通分野向け融資においても、民間金融機関と連携した融資を実施しており、民間金融機関との協調融資実績は二〇二一年で八〇九件になっています。

さらに、業務委託契約を締結している六一五の民間金融機関を通じて、公庫資金を融資しています。

●農業信用基金協会の利用

7-2節で紹介した農業信用基金協会の保証付きで資金を提供する金融機関も増えています。

米どころ新潟の第四北越銀行の農業事業者向けローン「あぐりフロンティア」は、新潟県農業信用協会の会員で、同協会の保証が得られる法人および個人事業主のみ利用できるローンです。最大二億円（個人事業主は最大一億円）まで、期間は設備資金で最長二五年まで借り入れ可能で、大規模な設備投資にも対応できます。

イオン銀行のアグリローンは原則無担保・無保証で、認定農業者や、直近一年間の農業売上高が二〇〇万円以上ある農業者などが利用できます。

＊**協調融資** 1つの企業に対し、複数の金融機関が協力して融資を行うこと。農業金融では、日本政策金融公庫とJAバンクなど幹事金融機関とで、貸出金額や分担割合などの条件を協定した上で貸し付けを行う。貸し手にとっては貸し倒れが生じたときのリスクヘッジができるなどのメリットがある。

●銀行のビジネスマッチングの事例

農業県千葉の京葉銀行は、地域金融機関ならではの融資以外のサービスとして、農業参入支援やビジネスマッチング、商品開発支援など農業に関わるコンサルティングに力を入れています。

年に一～二回、農業分野に関わるセミナーを開催情報提供を行うほか、ビジネスマッチングとして、スーパー等の小売店や飲食店、卸売先等の販売先の紹介、商品開発に伴う加工業者や原料仕入先の紹介、地方創生「食の魅力」発見商談会の開催（共催）や農業参入支援、また農地所有適格法人設立要件の案内なども、サービスのメニューに加えています。

さらに、**農福連携***参入支援として、全国の農福連携の事例紹介や助成金の案内、農業者と福祉事業者とのマッチングなどを、農福連携協定締結会社と連携しつつ支援しています。このほか、農業者のM&Aや地域資源活用プログラム、農商工連携のパートナー探し、国・地方自治体の助成金や専門家派遣などの支援施策も紹介しています。

農林漁業者向け貸出金残高（2015年3月末）

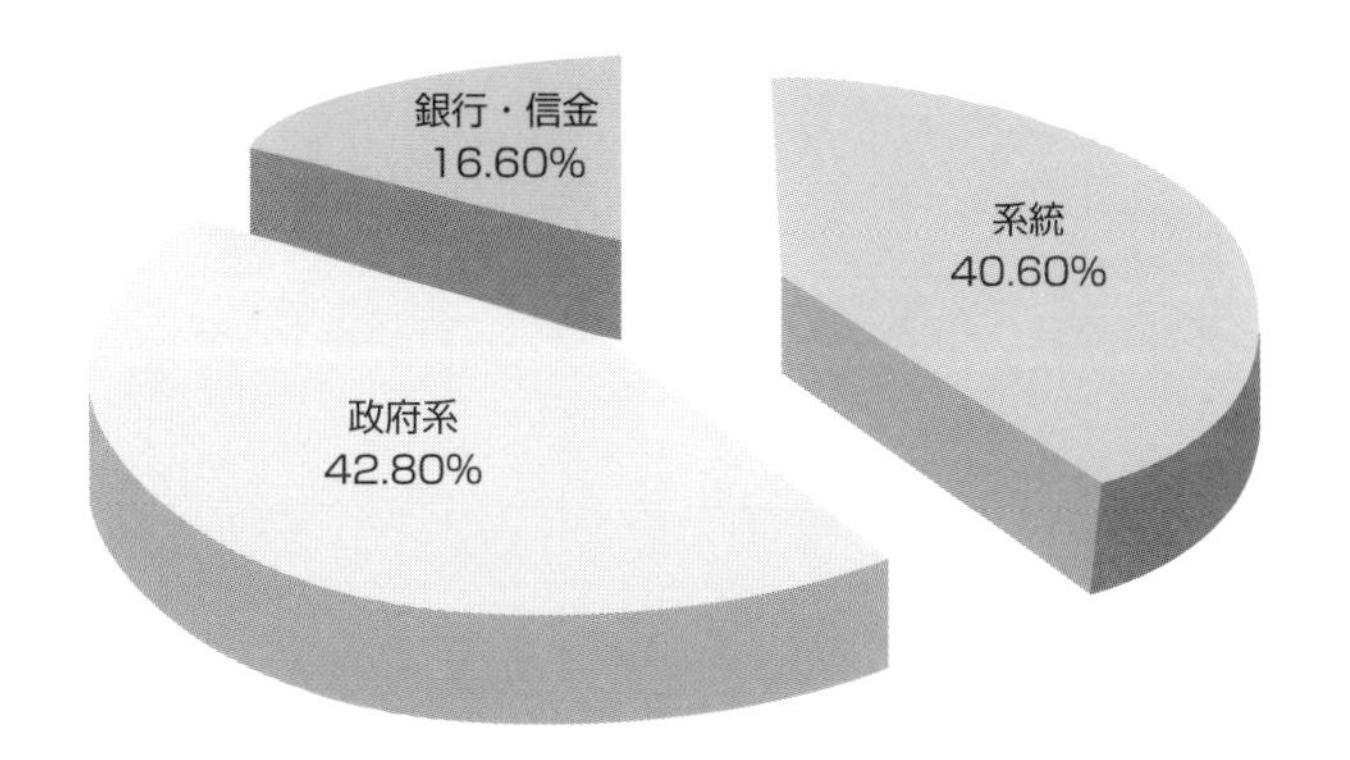

系統：農林中金、JA信農連、信漁連、農協、漁協
政府系：日本政策金融公庫、沖縄振興開発金融公庫、商工中金、日本政策投資銀行
銀行・信金：国内銀行および信用金庫

出典：農林中金総合研究所「2015 農林漁業金融統計」

＊**農福連携** 障害者等が農業分野で活躍することを通じ、自信や生きがいを持って社会参画を実現していく取組。p.198コラム参照。

6 リース会社の農業参入

農業におけるリースの活用場面としては、農地リース、農機具のファイナンスリースなどがありますが、ここではファイナンスリースでの農業参入について解説します。

●三井住友ファイナンス&リース

三井住友銀行グループの三井住友ファイナンス&リースは、秋田の農業法人向けの事業を手がけています。

新農業法人に対して、トラクターや田植機、コンバイン、乾燥機などの設備投資を対象に、農業者を支援するリースプログラムによるサポートを展開しています。

政府が推進している企業の農業参入や農業法人の大規模化、六次産業化、先端農業化においては、新たな設備投資が絶対条件となります。リース会社にとって農業は、将来の成長産業への期待から、スマート農業など魅力ある新たな市場になっています。

●JA三井リース

二〇〇八年に、JA系の協同リースと商社系の三井リース事業の共同持株会社として設立され、農業生産者向けのサービスや**ソリューション**＊として、農業かんたんサポート、農機・園芸設備の購入選択権付リース、肉牛（和牛・交雑種）肥育農家向けの素牛導入資金など、数多くのサービス商品を提供しています。

同社は特に畜産農家向けのサービス商品に力を入れています。例えば、子牛を肉牛として出荷するまでには二年半もの期間を要するため、子牛の購入から出荷までの間の金銭的な負担を少しでも軽減できるよう、購入代金の分割や畜産全般にわたり必要とされる設備・機器に対するファイナンスを充実させています。

＊**ソリューション**　企業が抱えている問題をITシステムやビジネスモデルで解決することをソリューションという。ここでは、農家が抱える問題点を分析し、それを改善するためのサービスを指す。

●次世代型農業支援サービスとリース

農水省では、「食料・農業・農村基本計画」に基づき、ドローンや自動走行農機などの先端技術を活用した作業代行やシェアリング・リースなどの、次世代型の農業支援サービスの定着を促進する政策を本格化しています。

その中で、機械施設供給型支援として、リース会社も組み入れたかたちで、農業者の導入コスト低減に向けた支援のスキームが考えられています。

さらに、サービスビジネスの課題やコスト、リスクなどについて、関係者で共有・分析し、新たな商品・サービスの創出につなげていくことを目的に、リース会社なども入った「スマート農業新サービス創出」プラットフォームも設立されています。

また、リース業の東京センチュリーでは、農業法人やこれから農業に参入しようとする法人向けに、植物工場やハイテク菜園の企画・設計先の紹介や農林水産省の補助金・助成金にも対応する提案などを行っています。

「スマート農業新サービス創出」プラットフォーム

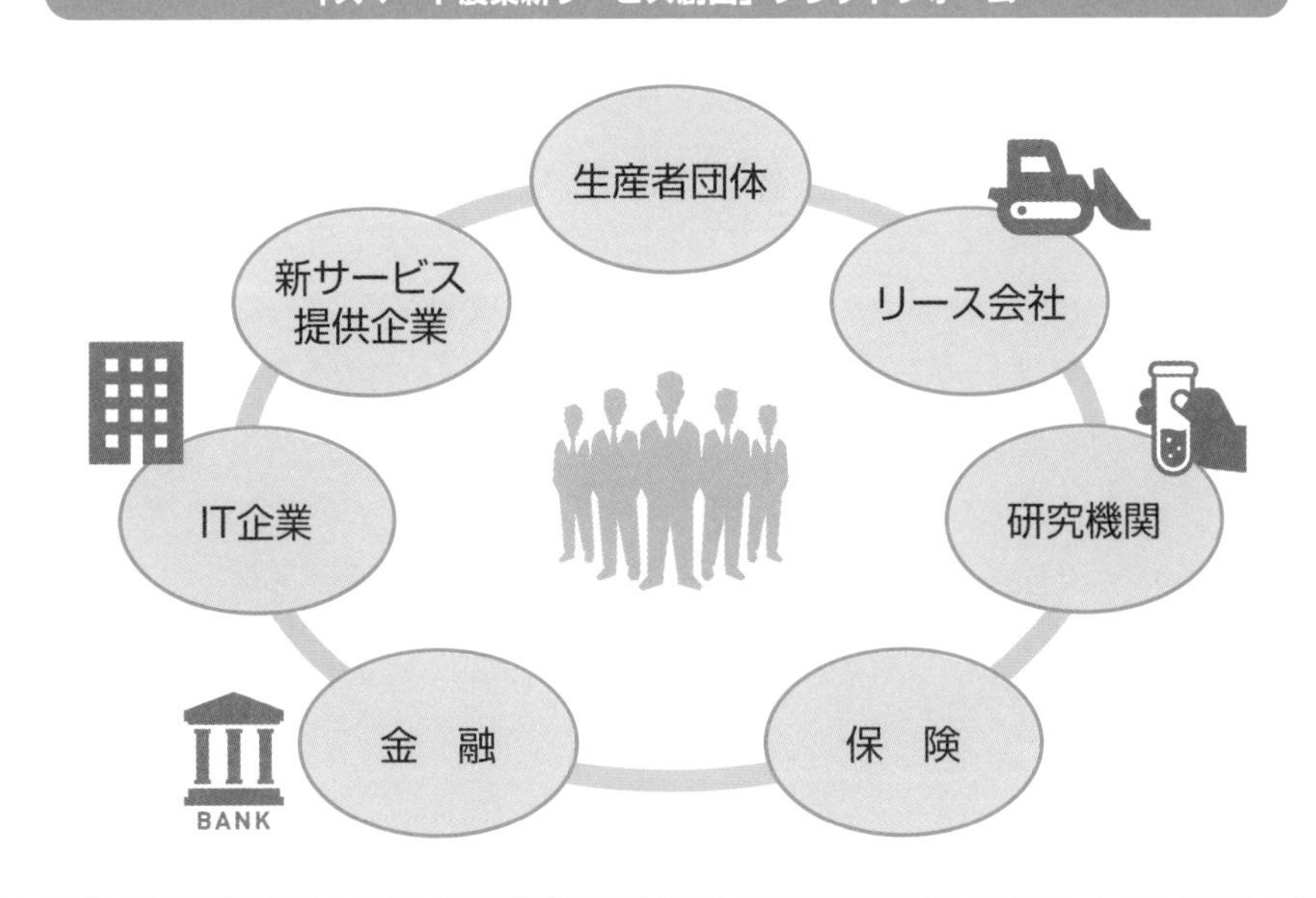

農業支援のクラウドファンディング

クラウドファンディングは「群衆（crowd）」と「資金調達（funding）」を組み合わせた造語です。インターネットを通して自分の活動や夢を発信し、その想いに共感した人や活動を応援したいと思ってくれた人から資金を募る仕組みであり、途上国支援や商品開発など幅広い分野のプロジェクトが実施されています。

そんな中で近年は、「農業」あるいは「農村」「地域おこし」などのカテゴリーで、商品開発やグリーンツーリズムなどにちなんだプロジェクトの資金を募るケースも増えてきました。

また、商品開発関連の中でも、スマート農業に関連するプロジェクトなどでは、クラウドファンディングによる資金調達はもちろん、同じクラウドファンディングでも寄付金集めにとどまらない株式投資型のものが出てきました。

クラウドファンディングから出発して、応援と投資リターンを求めることができる株式投資に発展したもので、農業や食関連の投資が成立しているケースもあります。株式投資型クラウドファンディングは、非上場株式の発行により、インターネットを通じて多くの人から少額ずつ資金を集める仕組みです。

事例としては、有機農業に特化したアグリサイエンス事業と有機野菜事業を行うアグリテックベンチャーのオーガニックnico（京都市西京区）が、株式投資型クラウドファンディングサービス「FUNDINNO（ファンディーノ）」を活用し、投資申し込みの取り組みを行っています。

さらに、クラウドファンディングのCAMPFIREグループの関連会社「株式会社CFスタートアップス（本社：東京都渋谷区）が運営する、株式投資型クラウドファンディング「CF Angels」でも、アグリテック企業など10件を超える株式投資型の案件を手がけています。

第8章

農業における社会的責任

企業は社会の公器だといわれながらも、不祥事が相次いだことから、経済活動に限らず社会・環境面の活動でもCSR(企業の社会的責任)ということが叫ばれています。

農業においても同様で、食の安全の確保、家族労賃の適正な評価と支払い、農薬と化学肥料の過度な使用による環境汚染の防止などについて、CSRを問う考え方になってきています。

また、スマート農業が進展する中、農業におけるSDGsの取り組みもまた必須のものとなってきています。SDGsに取り組むことは、現代農業が抱えている課題の解決にもつながっていきます。今日、国の農業補助金は、これらの考え方に添った取り組みも対象とするようになっています。

本章では、農業経営全般での社会的責任などについて解説しています。

1 食品安全とGAP

二〇二一年開催の東京オリンピック・パラリンピックが契機となり、選手村での食材の安全確保などの観点から、選手村に野菜などを提供する場合は調達要件としてGAPなどの第三者認証を取得することが必要になり、GAPは世界標準の農業認証になりました。

●グローバルGAPとJGAP

GAPとは「Good Agricultural Practices（グッド・アグリカルチュラル・プラクティス）」の略称で、日本語では適正農業規範と訳され、国際規格ISOと同様に、「生産過程の品質や安全の管理、環境保全などの手順を定め、第三者機関がチェックする」ものになっています。GAPには、世界標準のグローバルGAPのほか、アジア共通のGAPとなるASIAGAPと、日本の標準的なGAPであるJGAPがあります。日本においてはこのほかにも都道府県GAPや生協版GAP、イオン㈱GAP、JAグループGAPなどがあり、いずれも生産者が栽培から出荷までに守るべきルールを定めています。

●GAP認証取得経営体

国内における農畜産業のGAP認証取得経営体数は、二〇二一年三月末時点で、JGAP、ASIAGAP、グローバルGAPを合わせて七九七七経営体になっています。

世界全体では、二一年時点で約二〇万八四〇〇経営体で、前年より二〇〇〇経営体ほど増加しました。グローバルGAPは東京五輪の選手村で使用される食材の必須条件だったために一八年から一九年にかけて増加し、一九年には約二〇万九四〇〇経営体を数えていましたが、その後、新型コロナウイルスの世界的な感染拡大により、二〇年は三〇〇〇経営体ほど減少しました。

【JGAPの認証範囲と対象品目】 JGAP（農産）の認証は青果物・穀物・茶の３つの分類ごとに行われ、また、栽培工程・収穫工程・農産物取扱工程のそれぞれで認証が行われる。農産物取扱工程のみでの認証は認められていない。

●グローバルGAPバージョン6

　グローバルGAP認証は、二〇二二年四月にバージョン6への移行準備が始まり、二四年度から審査が必要となります。すでに全国数カ所でバージョン6ドラフト版を使用したトライアルが始まり、実際の農業現場での適合性確認が実施されています。
　これまでは、農場全体（AF）、作物ベース（CB）、果樹野菜（FV）という分け方でリスクを評価していましたが、バージョン6からは、

「トレーサビリティ」
「食品安全」
「生産プロセス」
「労働安全と福祉」
「環境の持続可能性」

という五項目に組み直され、日々の農場での取り組みが整理しやすくなります。また、引き続きGFSI（国際食品安全イニシアチブ）への適合に必要な内容を反映したものになっていることから、バージョンアップしても農場でのスタンスは変わりません。

GAPの認証取得などの増加と輸出の拡大

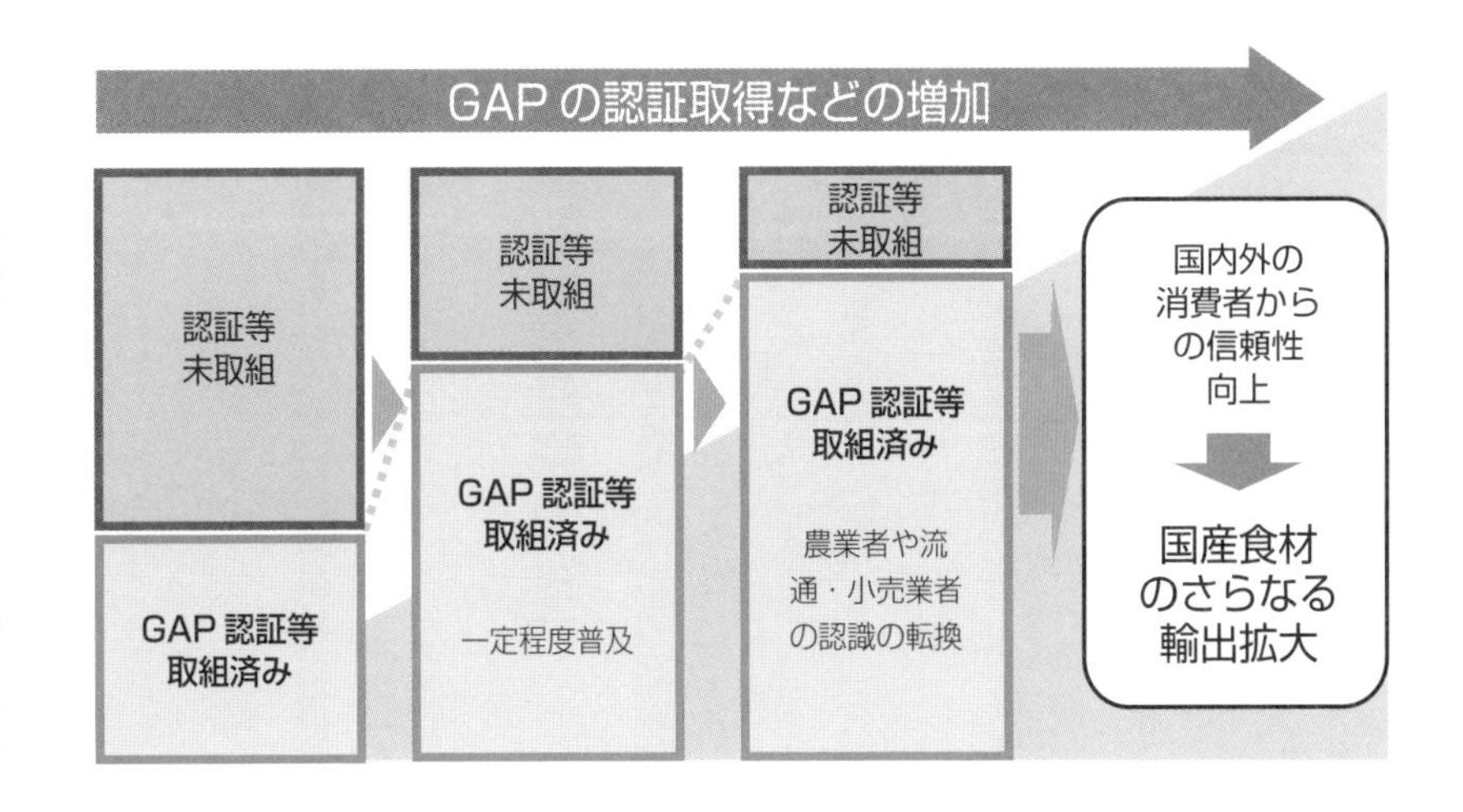

【グローバルGAPの概要】　ドイツの非営利法人FoodPLUSGmbHが策定したEUREPGAPが、2007年にグローバルGAPと名称変更され、GAPの国際的な基準となった。第三者認証制度を採用し、世界120カ国以上で実践されている。グローバルGAPの規格は、農作物全般や畜産に加え、水産養殖にも適用されている。

2 アニマルウェルフェア

前節で述べたGAPは畜産農家においても変わらず、特に、五輪組織委員会が定めていた「持続可能性に配慮した畜産物の調達基準」では、食品安全、労働安全、環境保全、アニマルウェルフェアの四つの基本要件と、一二三にも及ぶ審査項目が明示されていました。

●畜産物の調達基準の概要

「持続可能性に配慮した畜産物の調達基準」においては、①食材の安全性の確保、②環境保全に配慮した畜産物生産活動の確保、③作業者の労働安全の確保、④快適性に配慮した家畜の飼養管理（**アニマルウェルフェア**）の四点に対して適切な措置が講じられていることが要件とされていました。

さらに、この要件を満たすものとして、前節で紹介したJGAPとグローバルGAPによる認証を受けて生産された畜産物と明記されています。

またJGAPにおける家畜の対象は乳用牛・肉用牛・豚・肉用鶏および採卵鶏の五畜種の生体、畜産物の対象は生乳・鶏卵となっています。

●JGAP家畜・畜産物の骨子

審査基準は、持続可能な農場経営への取り組みに重要となる食品安全をはじめ、家畜の健康（家畜衛生）や快適な飼育環境への配慮（アニマルウェルフェア）、労働者の安全対策、環境保全など、全部で一二三にも及ぶ項目があります。

家畜（五畜種の生体）と畜産物（生乳・鶏卵）を対象とする審査・認証のルール等は、農水省が推奨する他の農業生産工程管理手法と共通しており、畜産農家に対し、農場運営と家畜衛生、環境保全などで、飼養衛生管理基準の遵守を強く求めています。とりわけ、家畜の伝染病の発生を予防するため、家畜の所有者に基準の遵守を義務付けています。

【五つの自由】 アニマルウェルフェアの「五つの自由」とは、飢えや渇きからの自由、不快からの自由、痛み、外傷や病気からの自由、本来の行動する自由、恐怖や苦痛からの自由をいう。

●アニマルウェルフェアとは

動物福祉あるいは家畜福祉と訳され、動物の生き物としての尊厳に配慮することを実現する考え方になっていますが、産業動物とか経済動物といわれている家畜であっても、ペットと同様に、尊厳に配慮した飼育環境を用意し、ストレスの軽減などを行うべきだという考え方に立っています。

日本では立ち遅れてきた分野だといわれていますが、その背景には、日本では畜産物の輸入が多く、輸出がなかったために、欧米ほどアニマルウェルフェアに対する知識や関心が高くなかったことがあると指摘されています。

例えば、採卵鶏のバタリーケージ飼育での一羽の飼育面積の狭さや環境の不備、卵を産まなくなった鶏や卵を産まないオスのヒヨコの扱い方において、あるいは繁殖用の母豚のストール（檻）飼いでのスペースの問題や出産環境において、欧米より立ち遅れてきたという指摘がなされています。

アニマルウェルフェア畜産認証

アニマルウェルフェア畜産認証のロゴマーク
（2017年7月28日、商標登録済み・第5966240号）

農薬の適正使用

3

日本では、農薬使用者が必ず守らなければならない使用基準が農薬取締法で定められ、食品においては、残留農薬の基準が食品衛生法で定められています。万が一、出荷した農産物から残留農薬が検出された場合、生産者は農薬取締法違反と食品衛生法違反の二つの処罰を受けることがあります。

●農薬取締法

農薬には厳しい規制が行われています。その中心となっているのが**農薬取締法**に定められた登録制度であり、国（農水省）に登録された農薬のみが製造・輸入・販売・使用できるというものです。

農薬を登録するには、製造者や輸入者がその農薬の品質や安全性に関する様々な試験を行い、そのデータを整えて農林水産大臣に申請します。申請された農薬について、農水省の検査機関で、薬効をはじめ毒性や作物・土壌に対する残留性などを総合的に検査し、安全性などが確認されてから登録手続きが行われます。

●ポジティブリスト制度

厚生労働省では、食品衛生法に基づいて残留農薬基準を設定し、基準を超えるような農薬が残留している農産物について、食品衛生法による販売禁止などの措置をとり、農作物の安全を確保しています。

残留農薬の規制にはかつて、**ネガティブリスト**方式が採用されていました。これは「原則として規制を行わず、残留してはならない農薬を示す」方式であり、基準が設定されていない農薬は、いくら残留していても規制できませんでした。そこで、二〇〇三年の食品衛生法の改正によって、残留を原則禁止とした上で、残留を認める農薬のみをリスト化する「**ポジティブリスト**＊制」を採用しています。

＊**ポジティブリスト**　すべての農薬等について残留基準（無登録農薬に対する一律基準を含む）を設定し、基準を超えて農薬等が残留する食品の販売などを原則禁止する制度。

●農薬の適正使用の推進

農水省では二〇二〇年と二一年に、農家八七二戸に対して農薬使用の記入簿への記入または聴き取りを行うことで、農薬の使用状況を調査しました。

その結果、調査した農家のうち二戸の農家で、使用量または希釈倍数が適切でなかった事例が確認されました。農薬の不適正な使用があった二戸の農家に対しては、地方農政局と都道府県から、農薬の適正使用の徹底を図るよう指導が行われています。

この両年には、農薬の残留状況の調査も行われました。八七一検体の農産物について、のべ四四三六種類の農薬と作物の組み合わせの残留状況を調べています。

その結果、二〇年度には食品衛生法に基づく残留基準値を超える農薬を含んだ検体はありませんでした。また二一年度には、ハクサイから残留基準値を超える農薬成分が検出されたものの、その他の検体には残留基準値を超えたものはなく、農水省としては、このような検査結果を公表しながら、引き続き適正に使用するよう呼びかけています。

ミツバチ群数減少と農薬

環境面では、公園や街路樹などにおける農薬の飛散による健康被害を防止するための規制や、ゴルフ場での農薬使用による水質汚濁の問題などがありますが、農業においてはミツバチの被害事故の軽減・防止が課題になってきています。

果樹農家などを中心に、ミツバチが農業生産に果たしている役割の重要性が広く知られるようになりましたが、ミツバチ群数の減少という、気候条件のみならず農薬の直接暴露にも起因すると推定される被害事故が発生しています。日本では、水稲に使用された殺虫剤が直接ミツバチにかかることで死亡を引き起こした可能性のある事故が報告されています。そのため農薬工業会では、農薬によるミツバチへの被害を防ぐため、養蜂農家と他の作物農家が連携を密にするなど、農薬散布で注意すべき重要な点を示したチラシなどで呼びかけを行っています。

4 遺伝子組み換え作物と食品問題

日本では遺伝子組み換え*食品について、食品衛生法とJAS法により、「遺伝子組み換え食品」の表示義務があります。消費者運動によって実現したものの、その実態は、消費者が要求していた表示制度からは遠いものになっているといわれています。

●食品表示の問題点

日本で表示義務の対象となる食品は、大豆、トウモロコシ、ジャガイモ、菜種、綿実、アルファルファ、てん菜、パパイヤ、からし菜の九種類の農産物と、これを原材料とする三三種類の加工食品になっています。

一方、EUではスーパーなどの販売店だけでなく、レストランなどにも全品目の表示義務があります。

また日本政府は、この九種類以外の農作物において「遺伝子組み換えでない」と表示することを禁止しています。禁止の理由は、承認しているのが九種類だけだからということのようですが、消費者の選択に対する配慮が欠けているという指摘も出ています。

●表示義務なしの食品加工品

日本においては、醤油、大豆油、コーンフレーク、水飴、異性化液糖、デキストリン、コーン油、菜種油、綿実油、砂糖について、表示が不要になっています。また、トウモロコシや大豆から作った加工品についても、その多くは遺伝子組み換えのものを含んでいると思われていますが、その表示義務がないとされています。とりわけ日本の菜種油については、大半が遺伝子組み換えの菜種を原料としているといわれていますが、その表示義務はないのです。消費者の意向と日本の法律にはまだまだ意識の違いがあるとされ、むしろ、こだわりのある生産者の商品がマーケティング上は差別化につながっているケースも見られます。

* **遺伝子組み換え**　生物の細胞から有用な性質を持つ遺伝子を取り出し、植物などの細胞の遺伝子に組み込み、新しい性質を持たせること。

●家畜飼料の表示について

基本的には、遺伝子組み換え食品を販売する際には、その旨を表示しなければならないのですが、抜け道がたくさんあります。

例えば、豚・牛・鶏などの飼料そのものには遺伝子組み換え作物使用の表示義務がないため、最終商品となる肉や卵・牛乳・乳製品などの加工品では表示義務がないのです。

さらに、重量が五％以下であれば、「遺伝子組み換えでない」と表示してよいことになっています。その背景には、遺伝子組み換え作物の輸入量が圧倒的に多いという問題があります。

輸入される大豆、トウモロコシ、菜種のほとんどが遺伝子組み換えであり、いずれも輸入量が七割を超えている作物なのです。

これまで遺伝子組み換え作物の栽培の普及を抑止していた種苗法の廃止に伴い、今後の遺伝子組み換え作物の栽培拡大が懸念されています。

遺伝子組み換えについての表示例

名　称	納豆
原材料名	丸大豆(遺伝子組み換えでない)、納豆菌、たれ：しょうゆ、砂糖、ブドウ糖、果糖液糖、風味原料(かつお、昆布、ホタテ)、食塩
内 容 量	45g×2
賞味期限	上面下部に記載
保存方法	要冷蔵(10℃以下)にて保存してください。
製 造 者	○○食品株式会社

原材料・食品添加物を、品名(名称、別名)、簡略名または類別名で記載(通常物質名表示)。

内容が判断できる食品を名称とする。

消費期限：期限を過ぎたら食べない方がよい。品質劣化が早い食品に表示される。
賞味期限：おいしく食べることができる期限。

開封前の保存方法の目安。

製造者または加工所の住所は、公称町名を番地まで記載する。都道府県名は省略することができる。

5 動植物防疫問題と農業

近年また高病原性鳥インフルエンザなどによる養鶏業者への被害などが起きています。また、病害虫などの小動物による植物の感染なども起きています。国では検疫による水際対策を強化したりしていますが、農家の側でも伝染病の発生予防などが求められています。

●鳥インフルエンザのリスク

二〇〇四年以来、日本における鳥インフルエンザの発生は養鶏業界全体に大きなダメージを与えています。伝染経路の解明や、感染源の疑いがある野鳥の鶏舎への侵入を防ぐ防鳥ネットの設置、鶏舎の出入り口での消毒の徹底などが行われていますが、二〇一六年一一月には青森県のあひる農場において高病原性鳥インフルエンザが発生し、その後も一七年度にかけて、新潟県・北海道・宮崎県・熊本県・岐阜県・佐賀県・宮城県・千葉県の農場で本病が確認されています。

最近でも高病原性鳥インフルエンザの疑似患畜が確認・報告されています。

●新種の虫類・微生物による被害

二〇一五年八月には、北海道網走市内の一部の圃場で、ジャガイモなどのナス科植物に寄生して植物を枯死させ、農業生産に甚大な被害を与えるおそれのあるジャガイモシロシストセンチュウ（線虫の一種）が日本で初めて確認されました。

この線虫が寄生したジャガイモは、根の生育が阻害されるため、葉の縮れや黄化などの症状が見られ、やがて枯死します。そのため、収穫量の著しい低下を引き起こし、いったん圃場に侵入すると、根絶は非常に難しいといわれています。

農水省では、二〇一六年に緊急防除に関する省令を出して、緊急防除に当たっています。

●輸入農畜産物の輸送手段の多様化

日本では、食料の多くを輸入農畜水産物に依存している上に、農畜水産物の輸入量の増大および輸入品目や輸入経路の多様化も進んでいます。さらには（コロナ禍でいったん減ったものの）訪日外国人旅行者の増加に伴い、病害虫や家畜の伝染病が国内へ侵入するリスクが高まっているといわれています。

また近年は、輸入農畜水産物について、基準値を超える農薬や化学物質などの残留が発見されたことに加え、国内外でBSE（牛海綿状脳症）やコイヘルペスウイルス病、先述の高病原性鳥インフルエンザなどの発生も相次ぎ、輸入食品の安全性に対する国民の関心も高まってきました。

鳥インフルエンザにかかった野鳥や病害虫の多くが中国大陸や朝鮮半島から飛来していることから、国では水際での侵入防止や早期発見・封じ込めの徹底などを図る一方で、国際的に連携しながら家畜の伝染病の発生・まん延防止、薬剤耐性対策などの取り組みを進めています。

イノシシから発症の豚熱

豚熱（ぶたねつ）は豚熱ウイルスの感染による豚とイノシシの法定伝染病で、高い致死率と強い伝染力が特徴です。日本では2007年に清浄化されていましたが、2018年9月に発生が確認されて以来、11県で62例が発生し、これまでに18万頭以上が殺処分されています。豚熱の発生はアジアや欧州の多くの国で報告されていますが、米国やオーストラリアなどはOIE（国際獣疫事務局）によって清浄国と認定されています。

6 クロス・コンプライアンス

EU諸国では、主として地域の環境保全を目的として、環境規則の遵守に対する直接支払が行われています。日本では農水省の「環境保全型農業直接支援対策」がそれに相当する政策ですが、欧米のような規模の大きいものにはなっていません。

●クロス・コンプライアンスとは

EU諸国で行われている「農業の単一支払制度」では、農業生産者が補助金を受けるために、生産者自身が自分の農地をよい農業条件や優れた環境条件に保ち、周辺住民や家畜および作物の健康、環境保護、動物福祉に関連する規制を尊重しなければならないといった要件を定めており、「**クロス・コンプライアンス**」と呼ばれています。日本語に訳すと「環境配慮要件」ですが、「農業生産者が直接支払を受給するために一定の要件を満たさなければならない」という仕組みであり、「環境に配慮しながら農業生産活動を行う農家に対して所得を直接補償する制度」ということになります。

●デカップリング政策

「農業生産を調整し価格を維持することで所得を確保する」減反政策とは異なり、「農業生産と切り離して実施される、農家への直接所得補償」を「**デカップリング政策***」と呼んでいます。

米国やEUなどでは、一九七〇年代に食料危機があったときに、積極的な規模拡大や投資、価格政策などによって増産を図りました。しかし、そのために八〇年代には過剰生産と財政負担が大きな問題となり、農業保護削減政策として出てきたのがデカップリングの考え方です。EUでは現在なお、クロス・コンプライアンスはデカップリング政策として位置付けられています。

***デカップリング政策**　価格政策の持つ「所得を維持する効果」と「生産を刺激する効果」の2つの効果を切り離すことを意味する言葉。日本では、一般的に農家に対する「直接的所得補償政策」として使われている。

●日本でのクロス・コンプライアンス

日本では、生産条件が不利な中山間地や湖沼などで、その地の環境を維持しながら行われる生産活動を守る目的で導入されています。さらに日本では、農業に伴う農薬などの影響で生じる環境問題への関心が高まっており、農産物の生産がもたらす環境負担の軽減と環境保全の重視が重要な課題となっています。農家の関心も非常に高く、また、実際に環境保全を重視した農産物づくりも広がっています。しかし、今日の農業情勢では、農家の負担は大きく、経営に対する圧迫要因にもなってきています。

そこで農水省では、「農業者が環境保全に向けて最低限度取り組むべき環境基準」を設定し、それをクリアした農業者には各種の支援策を講じていく制度、つまり、農薬・化学肥料の不使用などによる収入減やコスト増の補填を行っています。直接支払を受けるときに、何らかの形で環境によい行為の達成を求めることが、クロス・コンプライアンスになっています。

農業補助事業等における要件設定

近年、農業補助事業などでは環境保全のほか、農作業の安全確保など、各種の要件設定が行われています。具体的な事例として、「強い農業・担い手づくり総合支援交付金（産地基幹施設等支援タイプ）の場合では、GAP、HACCP、ハラール*などの取り組みのいずれかの実施を義務化しており、加えて、GAPの取り組みを実施していない場合、規範チェックシートの実施を努力義務としています。

このほか、就農や雇用に関する事業では、研修の実施や労災保険への加入を義務化。また、中山間地域等直接支払交付金、多面的機能支払交付金においては、作業前の危険箇所の確認・共有を努力義務化または義務化が設定されています。

*ハラール　イスラム法で、行ってよいことや食べることが許される食材や料理を指す。

7 環境保全型農業

日本における環境保全型農業は、一九九二年に新しい農政として、「農業の持つ物質循環機能を生かし、生産性との調和に留意しつつ、土づくり等を通じて、化学肥料、農薬の使用等による環境負荷の軽減に配慮した持続的な農業」と定義されたのが始まりです。

●施策の変遷

その後、食料・農業・農村基本法と持続農業法、有機農業推進法の施行を経て、二〇〇七年度から始まった「農地・水・環境保全向上対策」において、地域ぐるみで化学肥料および化学合成農薬を五割以上低減する取り組みに対して環境支払を実施しています。

その後、二〇一一年度には、国際的な動きとして地球温暖化防止や生物多様性保全への対応が急務となる中、化学肥料および化学合成農薬の施用を五割以上低減する取り組みとともに、地球温暖化防止や生物多様性保全への効果の大きい営農活動に対する支援を行う「環境保全型農業直接支援対策」を創設しています。

●日本型直接支払制度

二〇一四年度からは、農業・農村の有する多面的機能の維持・発揮を図るため、多面的機能支払、中山間地域等直接支払、そして環境保全型農業直接支払の三つが**日本型直接支払制度**＊として位置付けられました。さらに二〇一五年度からは、「農業の有する多面的機能の発揮の促進に関する法律」に基づく制度として実施されてきました。

日本型直接支払制度に期待される効果としては、「地域の共同活動などを支援することにより、多面的機能の発揮を促進」、「担い手に集中した水路・農道等の管理を地域で支えることにより、構造改革を後押し」の二つを掲げています。

＊**日本型直接支払制度**　「化学肥料・化学合成農薬の５割低減」の取り組みとセットで行う緑肥の作付けや堆肥の施用などの営農活動に対して支払われる。

●環境保全型農業の基本理念

法律の基本理念は次の二つです。

⑴農業の有する多面的機能が、国民に多くの恵沢をもたらすものであることを踏まえ、その発揮の促進を図る取組に対し、国、都道府県および市町村が相互に連携を図りながら集中的かつ効果的に支援を行うこと。

⑵多面的機能の発揮の促進に当たっては、農業者と地域住民による共同活動が、良好な地域社会の維持・形成に重要な役割を果たしていると共に、農用地の効率的な利用の促進にも資することに鑑み、当該共同活動による取組の推進が図られなければならない。

そして、直接支払の対象として、①農地、農業用水等の保全のための地域の共同活動により行われる取り組み（多面的機能支払）、②中山間地域等における農業生産活動の継続を推進する取り組み（中山間地域等直接支払）、③自然環境の保全に資する農業生産活動を推進する取り組み（環境保全型農業直接支払）、の三つを定めています。

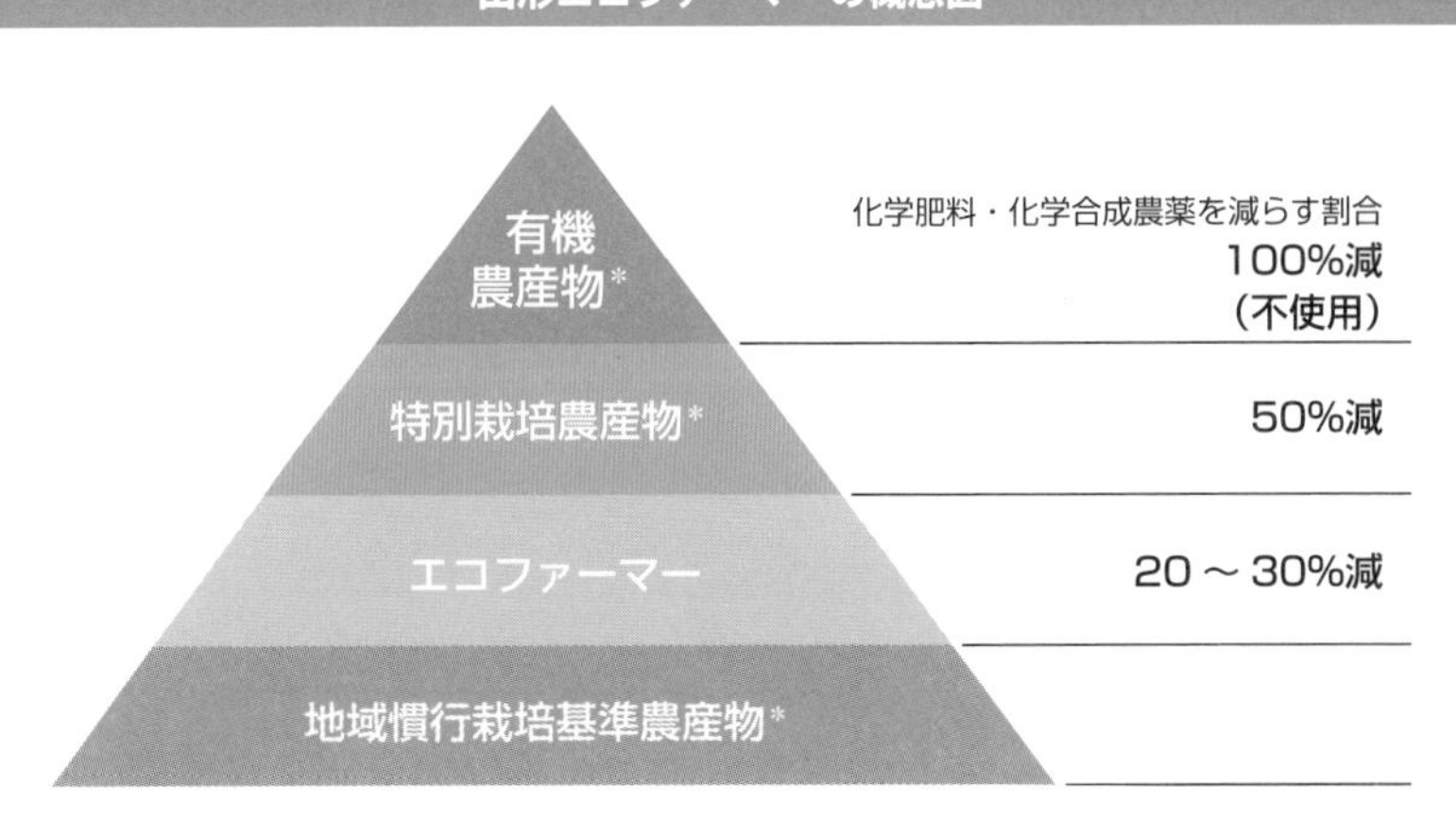

●エコファーマーとは
持続性の高い農業生産方式により、土づくり、化学肥料・化学合成農薬の使用低減に一体的に取り組む農業者。

＊**有機農産物**　「有機農業の推進に関する法律」で定義されている農産物。
＊**特別栽培農産物**　「特別栽培農産物に係る表示ガイドライン」で定められた栽培方法の農産物。
＊**地域慣行栽培基準農産物**　都道府県ごとに地域の気候や特性を考慮して地方自治体が定めた基準の農産物。

海賊版農作物とターミネーターテクノロジー

種苗法により、野菜や果物の新種を開発した「育成者」が品種登録をすることで、その品種の利益を独占する権利を持つ「育成者」以外の栽培は禁止されます。

しかしながら近年は、品質がよくて高値で取引される品種が海外で不当に使用され、日本に輸出される事案が多く発生しています。

例1：栃木県が開発して品種登録を行ったイチゴ「とちおとめ」が、韓国で勝手に交配され、「錦香（クムヒャン）」という新品種として出回り輸出されています。農水省によれば、韓国のイチゴの9割以上は日本の品種を違法に交配させたものとされているのです。

例2：北海道の特産品である「雪手亡（ゆきてぼう）」という品種のインゲン豆を違法に交配させた白インゲン豆が、中国から日本に輸出されました。

例3：農研機構は、外国でも人気のある「シャインマスカット」というブドウを開発しましたが、これも中国で違法に栽培されていました。

このように、種苗業界では違法な特許侵害が頻繁に行われているのが現状です。これでは、膨大な開発費の回収はおろか、将来の農業全体の発展が望めなくなります。例えば北米の企業がアジアで行われている特許侵害を把握することの難しさは、日本がお隣の国の特許侵害に四苦八苦していることからも容易に想像できます。

そこで大企業は「ターミネーターテクノロジー」（以下TT）なるものを開発しました。TTでは毒素を作る植物やネズミなどの遺伝子を作物に注入します。そうすると、自家交配させて獲得した第2世代の種子は、萌芽（ほうが）するとき種子が自らの中に毒素を排出してしまうのです。つまり、交配させた種子は芽が出ず、種子が自殺する技術を作り出したのです。

このような技術を作ったビッグカンパニーの独善的で恣意的な行動は、世界中から批判されました。それを受けて、いったんはTTの利用はしないとしたものの、そののちに結局使用しています。このような、研究開発能力を背景に"世界の種を牛耳る"というビッグカンパニーの行動は、世界中が注視して抑制されるべきものだと考えます。

種苗の特許は守られなければなりません。しかしながら、自社の特許を徹底的に守ろうとした結果が、倫理的にも到底受け入れられないTTの誕生でした。

六次化から農山漁村振興へ

2022年度から始まった国の「農山漁村振興交付金」のうち、中心的な政策となるのが「農山漁村発イノベーション」です。この事業は、これまでの六次産業化（六次化）を発展させて、農林水産物や農林水産業に関わる多様な地域資源を活用し、農林漁業者だけでなく、地元の企業なども含めた多様な事業者の参画によって新事業や付加価値を創出し、農山漁村における所得と雇用機会の確保を図る取り組みです。

1 農山漁村振興交付金の概要

二〇二二年度から始まった「農山漁村発イノベーション」とは、農林水産物や農林水産業に関わる多様な地域資源を活用し、新事業や付加価値を創出することによって、農山漁村における所得と雇用機会の確保を図る取り組みです。

●六次産業化で目指した基本的課題

今村氏は、農業の六次産業化を推進し、成果を上げ、成功への道を切り拓いていくための基本課題として、五つの項目を挙げています。

一つ目の課題としては、「消費者に喜ばれ愛されるものを供給することを通して、販路の確保を着実に伸ばしつつ、農山漁村地域の所得と雇用の場を増やし、それを通して農山漁村の活力を取り戻すことである」としています。

二つ目は、「様々な農畜産物（水産物も含む、以下同じ）を加工し、販売するに当たり、安全・安心・健康・新鮮・個性などをキーワードとし、消費者に信頼される食料品などを供給する」ことです。

●「1×2×3＝6」の発想

「六次産業」の「六」の意味を、当初の「1＋2＋3＝6」から「1×2×3＝6」に変えた理由について、提唱者の今村奈良臣（ならおみ）東大名誉教授は「農地や農業がなくなれば、つまりゼロになれば、六次産業そのものが消え失せてしまうことや、掛け算にすることで農業、加工、販売・情報の各部門の連携を強化し、付加価値や所得を増やし、基本である農業部門の所得を一段と増やそうということにある」と説明しています。

農業部門はもちろん、加工部門、販売・流通部門、さらにはグリーンツーリズムなどの観光で就業や雇用の場を広げ、所得増大を図り、六次産業の拡大再生産の道を切り拓こうという主旨とのこと。

【農山漁村振興交付金】 中山間地農業推進対策など、地域の創意工夫による活動の計画づくりから、農業者等を含む地域住民の就業の場の確保、農山漁村における所得の向上や雇用の増大に結び付ける取り組みまでを、総合的に支援する補助金。

●都市と農村の交流など

さらに三つ目の課題として、「農畜産物の生産や加工、食料品の製造に当たっては、あくまでも企業性を追求し、可能な限り生産性を高め、コストの低減を図り、競争条件の厳しい中で収益ならびに所得の確保を図ること」を掲げています。

四つ目は、「新たなビジネスの追求のみに終わるのではなく、地域環境の維持・保全・創造、特に緑資源や水資源への配慮、美しい農村景観の創造などに努めつつ、都市住民の農村へのアクセスへの道、新しい時代の**グリーンツーリズム***の道を切り拓くことに努めること」としています。

最後の五つ目としては、「農業・農村の持つ教育力に着目し、農産物や加工食料品の販売を通し、また、都市と農村の交流を通し、先人の培った知恵や英知の蓄積、つまりムラの命を、都市とりわけ、次代を担う若い世代に吹き込むという都市農村交流の新しい姿を創り上げること」を掲げています。

六次産業化の概念

農林水産業

商業・サービス業

6次産業化＝1次産業 ×2次産業 ×3次産業

＊**グリーンツーリズム**　農山漁村地域において自然、文化、人々との交流を楽しむ滞在型の余暇活動。10-4節参照。

●六次産業化の市場規模

農水省が二〇二二年七月に公表した、二〇二〇年度の六次産業化総合調査報告（確報）によれば、六次産業化に相当する農業生産関連事業の年間総販売金額（加工・直売分野など）の市場規模は、二〇年度が合計二兆三三九億円になっていました。このうち農産物直売所が一兆五三五億円で全体の五一・八％を占め、次いで農産加工が九一八七億円で全体の四五・二％、その他、観光農園、農家レストラン、農家民宿となっています。

農業経営体による農産物の直接販売における販売先別年間販売金額では、二〇二〇年度は二兆八七七五億円となっており、コロナ禍の影響もあって前年度から三・六％減少しました。これを販売先別に見ると、卸売市場が一兆四〇一億円で最も多く、次いで小売業が六九〇四億円ですが、経営体が消費者に直接販売している額も四七六七億円と、全体の一六・六％を占めています。

●農山漁村発イノベーションとは

農村（および山漁村）を舞台に新しい価値を創出し、所得と雇用機会の確保を図ることを目的とした「農山漁村発イノベーション」は、これまでの六次産業化の取り組みに加え、まだまだ活用可能な農村の地域資源の発掘に努めると共に、それを磨き上げて、これまでにない他分野と組み合わせる取り組みを推進しながら、当初の目的である、地域における新たな事業と雇用機会の創出を目指していこうとするものです。

事業の推進に当たっては、農村で活動する起業者等が情報交換を通じてビジネスプランを磨き上げることができるプラットフォームの運営など、多様な人材が農村の地域資源を活用して新たな事業に取り組みやすい環境の整備などにより、現場の創意工夫を促していきます。

国ではソフト・ハード支援のほか、サポートセンターの設置や専門家（プランナー）による伴走支援など多様なメニューで、地域の実情・ニーズに応じた支援を図る計画になっています。

【中山間地域】　山間地およびその周辺の地域。地理的条件が悪く、農業をするのに不利な地域だが、日本の中山間地域における農業は、全国の耕地面積の約４割、総農家数の約４割を占め、日本の農業の中で重要な役割を果たしている。

●農山漁村振興交付金の全体像

農山漁村発イノベーション対象を含む農山漁村振興交付金の事業では、「地域の創意工夫による活動の計画づくりから、農業者等を含む地域住民の就業の場の確保、農山漁村における所得の向上や雇用の増大に結び付ける取り組みに対し、取り組みの発展段階に応じて総合的に支援し、農林水産業に関わる地域のコミュニティの維持と農山漁村の活性化および自立化を後押し」する予定です。政策目標として、「二〇二五年までに都市と農山漁村の交流人口を一五四〇万人増やす」ことを掲げています。

事業の全体像としては、地域住民によるコミュニティ維持のための合意形成段階から実行段階までの、それぞれの段階に応じた対策を実施するもので、具体的には、地域活性化対策の計画づくりから始まり、中山間地農業推進対策や山村活性化対策など、具体的なエリアを指定した事業のほか、ヒト・コト・モノのコンセプトに基づいた各種支援事業が対象となります。

農山漁村発イノベーションのイメージ

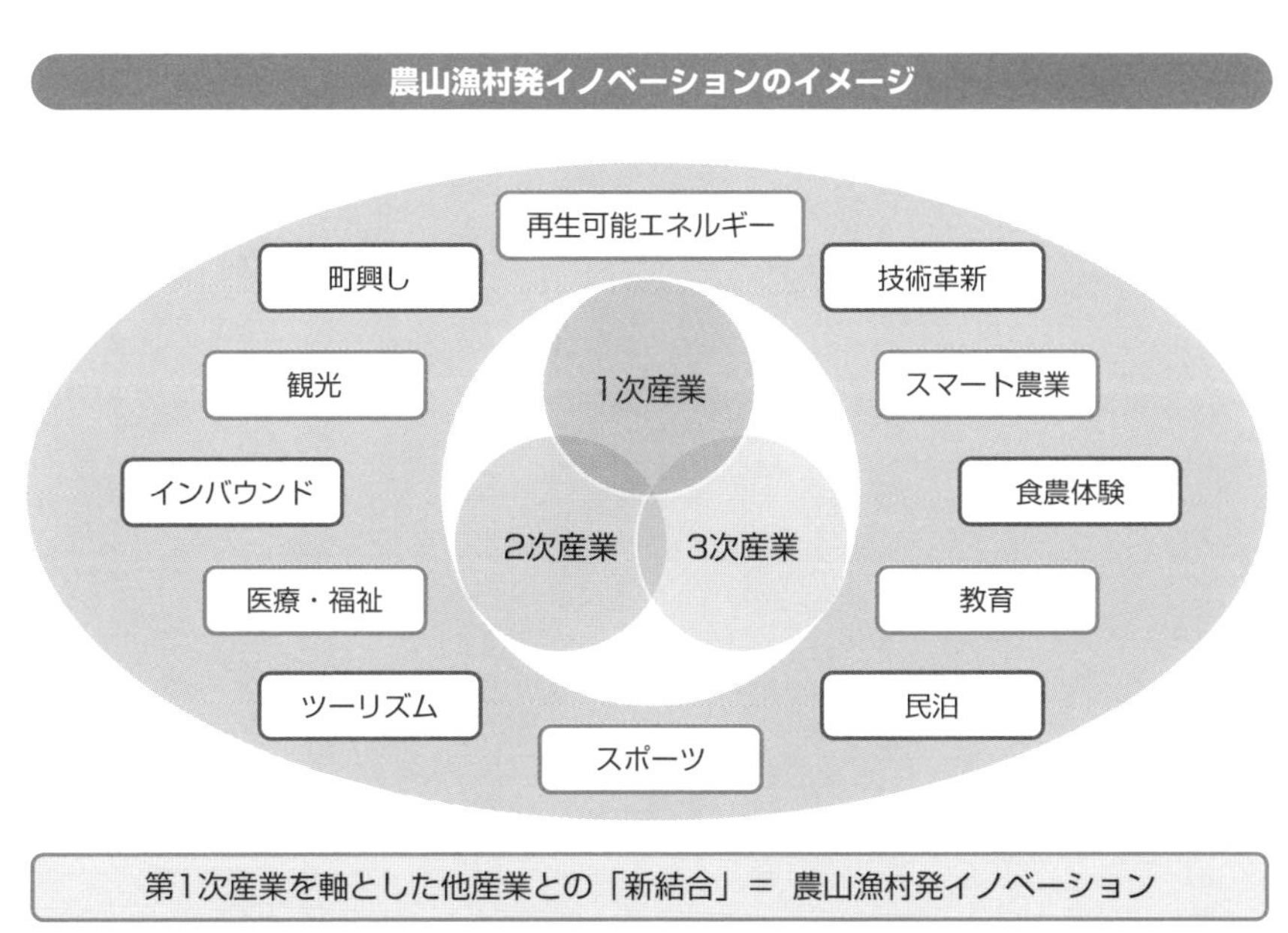

第1次産業を軸とした他産業との「新結合」＝ 農山漁村発イノベーション

2 政府方針における位置付け

農山漁村発イノベーションの推進に当たっては、「食料・農業・農村基本計画」をはじめとする各種の政府方針等においても、明確な位置付けがなされています。同基本計画では、新たな事業・価値の創出や所得向上を図る取り組みとして「農山漁村発イノベーション」を推進する、と明記しています。

●三〇〇事例の創出

二〇二二年六月に閣議決定された「農山漁村発イノベーション」では、「農山漁村での所得と雇用機会の確保のため、活用可能な地域資源を発掘し磨き上げた上で、観光・健康医療等他分野と組み合わせ、新たな価値を創出する取り組みとして、また前にも述べたように、政府では、これまでの六次産業化に加え、農山漁村の活用可能な地域資源を発掘し、磨き上げた上で、他分野と組み合わせる取組である「農山漁村発イノベーション」によって、新たなビジネスの展開を目指す計画で、二〇二五年度までにモデル事例を三〇〇事例創出することにより、地域の所得向上や多様な雇用機会の創出も目標に掲げています。

●地域の活力創造プランでの位置付け

また、同年一二月に「農林水産業・地域の活力創造本部」で決定された「農林水産業・地域の活力創造プラン（改訂版）」の中でも、「多様な地域資源を活用した商品・サービスの開発や専門家派遣等を支援」、「農山漁村発イノベーションの担い手にもなり得る、多様な人材を募り、農山漁村の地域づくりに参画する仕組みの構築を支援」すると明記しています。

さらには、「**農山漁村活性化法**＊」において、農山漁村発イノベーションなどに必要な施設の整備などを行う場合、優良農地の確保を図りつつ、農地転用手続きなどの迅速化を図る仕組みを導入」するとしています。

＊**農山漁村活性化法**　農山漁村への定住を促進し、農山漁村と都市との地域間交流を活発化するなど、農山漁村の活性化を図ることを目的に作られた法律。2022年に改正されている。

●地域における推進体制

　事業の推進に当たっては、関係機関が連携して推進できるようにするため、都道府県段階で、都道府県、都道府県サポート機関、地方農政局、地方経済産業局、生産者団体、農業法人協会、流通関係者、商工関係者、金融機関などを構成員とする「農山漁村発イノベーション推進協議会」を設置して取り組みます。これまでの六次産業化・地産地消推進協議会の改組を想定したものになっています。

　その推進協議会の中で、都道府県の農林水産業および農山漁村発イノベーションなどの現状・課題、農山漁村発イノベーションなどの取り組み方針や今後五年後程度の売上等の目標などを内容とする、都道府県の農山漁村発イノベーションなどに関する戦略を策定し、関係機関が連携して推進する体制にしています。

　さらに、市町村段階でも同様の推進協議会を設置し、市町村の戦略案を策定し、地域の事業を推進する仕組みにしています。

宮崎県の農山漁村発イノベーションサポート体制

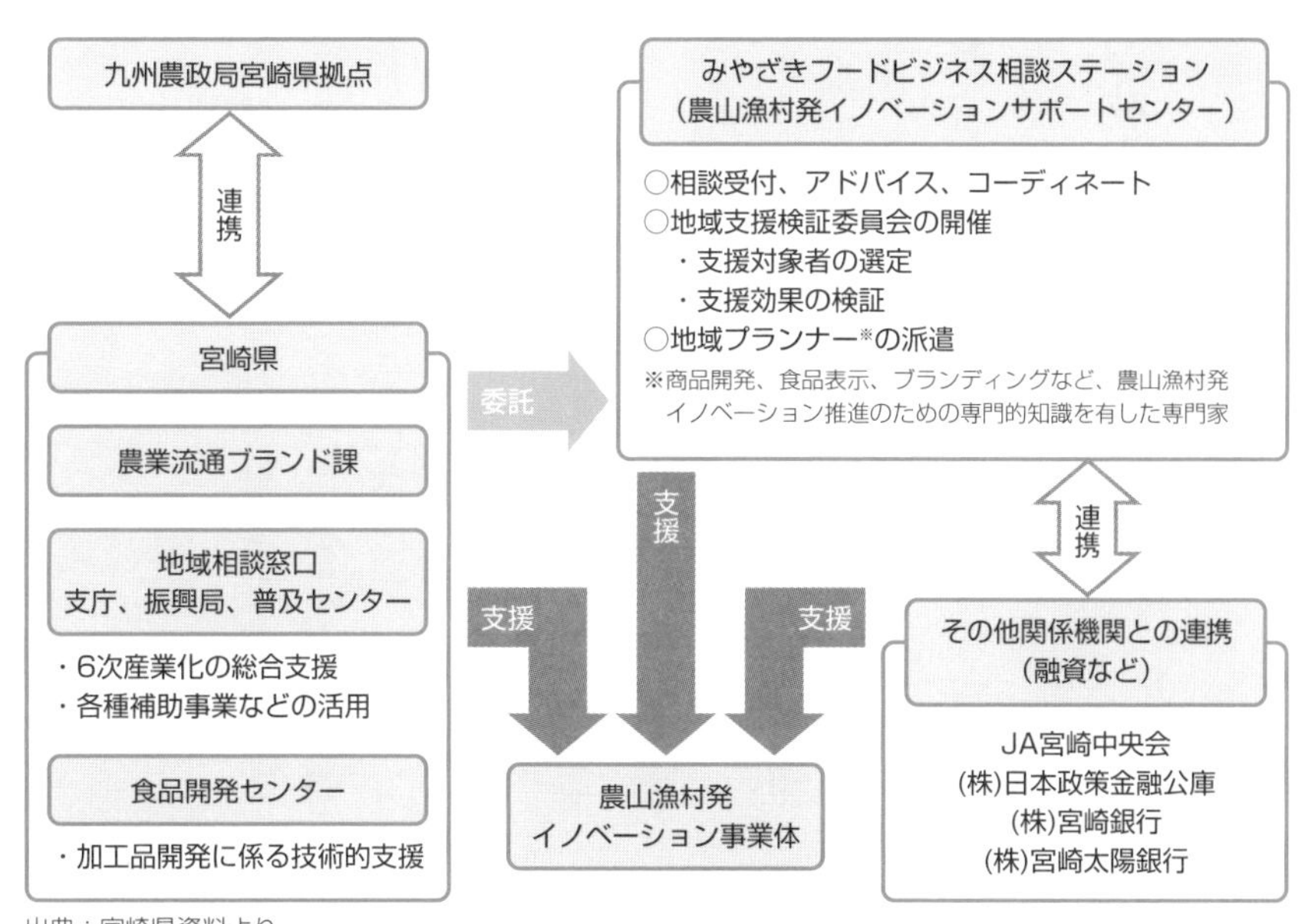

出典：宮崎県資料より

推進事業

農山漁村発イノベーション①

農山漁村振興交付金事業のうち、農山漁村発イノベーション対策の事業としては、推進事業（ソフト支援）、整備事業（ハード支援）およびサポート事業（専門家派遣等）がイメージされています。このうち推進事業は、二次・三次産業と連携した加工・直売のための商品開発などが対象になっています。

●推進事業の概要

農林水産物や農林水産業に関わる多様な地域資源を活用した商品・サービスの開発、これらに関する研究開発等の取り組みといったソフト事業を支援するのが「農山漁村発イノベーション推進事業」です。次節で解説する、ハード事業に関する支援である「農山漁村発イノベーション等整備事業」と併せて実施することや、「農山漁村発イノベーションサポート事業」による専門家派遣を活用することも可能です。

具体的には、農山漁村発イノベーションの実施に必要な経営戦略の策定や販路開拓、ビジネスアイデアの創出、研究・実証事業等の取り組みを支援することが中心になっています。

●主な事業内容

推進事業では、次の①～⑤のいずれかに該当する取り組みについて支援します。また、①～⑤のうち複数を組み合わせて実施することも可能となっています。

①二次・三次産業と連携した加工・直売の推進
②新商品開発・販路開拓の実施
③直売所の売上向上に向けた多様な取り組み
④多様な地域資源を様々な分野で活用する取り組み
⑤多様な地域資源を活用した研究開発・成果利用の取り組み

以上のうち①～④の取り組みを行う場合のみ、ソフト支援のほかに、**簡易な施設の整備**＊について支援を受けられます。

＊**簡易な施設の整備**　簡易な施設の整備について支援を受けるには、商品開発のための試作品加工場など実施するソフト事業に沿った整備であって、ソフトの交付額を超えないこと、といった要件を満たす必要がある。

●事業のスキーム

簡易な施設の整備は、実施するソフト事業に沿った整備であって、ソフトの交付額を超えないこと、などの要件があります。

事業実施主体が市町村等以外である場合は、事業実施主体を含む三者以上であって、農林漁業者等を必ず含む多様な事業者が連携するネットワークを構築する（あるいは構築することが確実である）ことが求められています。

事業実施主体は、農林漁業者等、商工業者の組織する団体、民間事業者、公益社団法人、公益財団法人、一般社団法人、一般財団法人、特定非営利活動法人、企業組合、事業協同組合、市町村、市町村協議会、特認団体です。なお、前記した⑤の取り組みを行う場合のみ、コンソーシアムによる実施も可能です。

なお、政府では農山漁村発イノベーションに取り組む優良事業体数を、二〇二五年までに一〇〇事業体にまで増加させたいとしています。

農山漁村発イノベーション推進事業（ソフト支援）

[支援対象となる取り組み（複数の組み合わせも可）]	[交付率]	[事業実施主体]
①２次・３次産業と連携した加工・直売の推進 ②新商品開発と販路開拓 ③直売所の売上向上に向けた多様な取り組み ④実施体制の構築や新事業の販路開拓など、多様な地域資源を様々な分野で活用する取り組み （①～④は簡易な施設を併せて整備することも可能） ⑤試作品の製造・評価や新商品の試験販売など、多様な地域資源を活用した研究開発・成果利用の取り組み	①～④：１／２以内 ⑤：定額 上限額：５００万円	農林漁業者等、商工業者の組織する団体、民間事業者、公益社団法人、公益財団法人、一般社団法人、一般財団法人、特定非営利活動法人、企業組合、事業協同組合、市町村、市町村協議会、特認団体 （⑤はコンソーシアムも可）

事業期間は上限２年間。交付率は、①～④が２分の１以内、⑤が定額交付で、いずれも事業期間中の上限額が500万円。

出典：農水省資料より

農山漁村発イノベーション② 整備事業

農山漁村の自立および維持発展に向けて、地域資源を活用しつつ、農山漁村における定住・交流の促進、農業者の所得向上や雇用の増大を図るために必要となる農産物加工・販売施設、地域間交流拠点等の整備を支援します。

●定住促進対策型・交流対策型

定住促進対策型・交流対策型（旧農山漁村活性化整備対策）は、都道府県や市町村が計画主体となり、農山漁村における定住・交流の促進、農業者の所得向上や雇用の増大など、農山漁村の活性化のために必要となる農産物加工・販売施設、地域間交流拠点等の整備を支援するものです。農産物直売所、集出荷・貯蔵・加工施設などのほか、廃校を利用した交流施設などユニークな使い方が考えられます。

なお、再生可能エネルギー発電・蓄電・給電設備については、施設整備と同時に設置する場合に加え、既存の活性化施設に追加して設置する場合も支援されます。

●産業支援型

もう一つ、**産業支援型**（旧食料産業・六次産業化交付金のうち六次産業化施設整備事業）は、農林漁業者等が多様な事業者とネットワークを構築し、制度資金等の融資または出資を活用して六次産業化に取り組む場合に必要となる、農産物加工・販売施設等の整備に対して支援するものです。なお、非接触・非対面での作業に対応した加工・販売施設等の整備も可能になっています。さらに、前記した定住促進型と同様に、再生可能エネルギー発電・蓄電・給電設備については、施設整備と同時に設置する場合に加え、既存の活性化・六次化施設に追加して設置する場合も支援の対象になります。

【おいしい学校】 山梨県北杜市には、昭和40年代に廃校となった小学校をそのまま使ったレストランと宿泊施設がある。

●事業のスキーム

前記したように、定住促進対策型・交流対策型では都道府県や市町村が計画主体となりますが、事業実施主体には、このほかに農林漁業者団体なども含まれます。計画主体が市町村の場合は、農山漁村活性化法に基づく活性化計画の認定が必要になってきます。

交付率は交付対象経費の二分の一で、事業期間は原則三年間（最大五年間）となります。

産業支援型の事業実施主体は、農林漁業者団体（六次産業化・地産地消法に基づく総合化事業計画または農商工等連携促進法に基づく農商工等連携事業計画の認定が必要）、および中小企業者（農商工等連携促進法に基づく農商工等連携事業計画の認定が必要）。交付ルートは、国➡地方公共団体➡事業実施主体。交付率は交付対象経費の一〇分の三以内（中山間地農業ルネッサンス事業の「地域別農業振興計画」や農山漁村発イノベーションに係る市町村戦略に基づき行う場合、障害者等の雇用を行う場合は二分の一以内）。事業期間は一年間となります。

農山漁村発イノベーション等整備事業（ハード支援）

	主な事業内容	交付率	事業実施主体
定住促進対策型 交流対策型	都道府県や市町村が計画主体となり、農山漁村の活性化のために必要となる農産物加工・販売施設、地域間交流拠点等の施設の整備を支援。	1/2 など 上限額：4 億円 （他の要件もあり）	都道府県、市町村、農林漁業者団体等
産業支援型	農林漁業者等が多様な事業者とネットワークを構築し、制度資金等の融資または出資を活用して六次産業化に取り組む際に必要となる施設（農産物加工・販売施設等）の整備を支援。	3/10 以内。ただし要件によって 1/2 以内 上限額：原則 1 億円（最大 2 億円）	農林漁業者団体、中小企業者

出典：農水省資料より

【中山間地農業ルネッサンス事業】　中山間地域における高収益作物への転換などを支援する事業で、福島県では特定豪雪地域などが対象になっている。

5

サポート事業

農山漁村発イノベーション③

都道府県のサポートセンターに寄せられた相談のうち、特に重点的な支援が必要な案件や都道府県サポートセンターでの対応が困難な案件については、全国単位で設置される農山漁村発イノベーション中央サポートセンターが支援します。

●サポート事業の概要

サポート事業には中央サポート事業と都道府県サポート事業があります。

中央サポート事業では、中央サポートセンターにおいて、都道府県サポートセンターと連携し、**中央プランナー**＊や**エグゼクティブプランナー**＊の派遣を行うことで、農山漁村発イノベーションに関わる高度な課題に対する重点的な伴走支援の取り組みなどを支援します。また、農山漁村で新事業を興す起業家と農山漁村のマッチングの取り組みなどを支援するほか、施設給食において地産地消を促進するためのコーディネーターの育成・派遣の取り組みなどを支援するものになっています。

●主な事業内容

「農山漁村発イノベーション中央サポートセンターの運営事業」では、前記した中央プランナー、エグゼクティブプランナーの選定・登録・派遣のほか、都道府県サポートセンターなどに対するサポート活動を行います。

また、「農山漁村起業促進事業」として、農水省が運営する起業促進プラットフォームである「INACOME（イナカム）」を使った取り組みを支援します。例えば、ビジネスコンテストの実施、起業支援ウェブセミナーの開催、地域課題の解決を望む地方公共団体などと起業家のマッチングなど多彩な事業が考えられています。

＊**中央プランナー**　中央サポートセンターで公募し、登録するプランナー。専門項目ごとに選定される。
＊**エグゼクティブプランナー**　プランナーの経験者より選定されるが、プランナーとの併用は不可となっている。

●都道府県サポート事業

さらに、「地域の食の絆強化推進運動事業」では、病院、福祉施設、企業、学校、地方自治体などの施設給食における地場産農林水産物の利用拡大に向けた取り組みの支援として、コーディネーターの育成や派遣などが考えられています。

都道府県サポート事業では、各都道府県にサポートセンターを設置し、農山漁村発イノベーションに取り組む人からの相談受付とアドバイスなどを実施すると共に、民間の専門家（プランナー）を派遣して伴走的に農山漁村発イノベーションの取り組みを支援します。また、都道府県や市町村における農山漁村発イノベーションに関わる戦略策定や研修実施などを支援します。

なお、中央および都道府県のサポート事業はいずれも、事業期間が一年、交付率は定額となっています。

農山漁村発イノベーションサポート事業（専門家派遣等）

都道府県サポート事業	都道府県サポートセンターにおいて、相談を受け付け、アドバイスなどを行うほか、専門家（プランナー）を派遣して経営改善等を支援する。
中央サポート事業	都道府県サポートセンターに寄せられた相談のうち、特に重点的な支援が必要な案件や高度な対応が必要な案件をサポートする。このほか、地産地消促進に向けたコーディネーターを派遣し、取り組みを支援する。

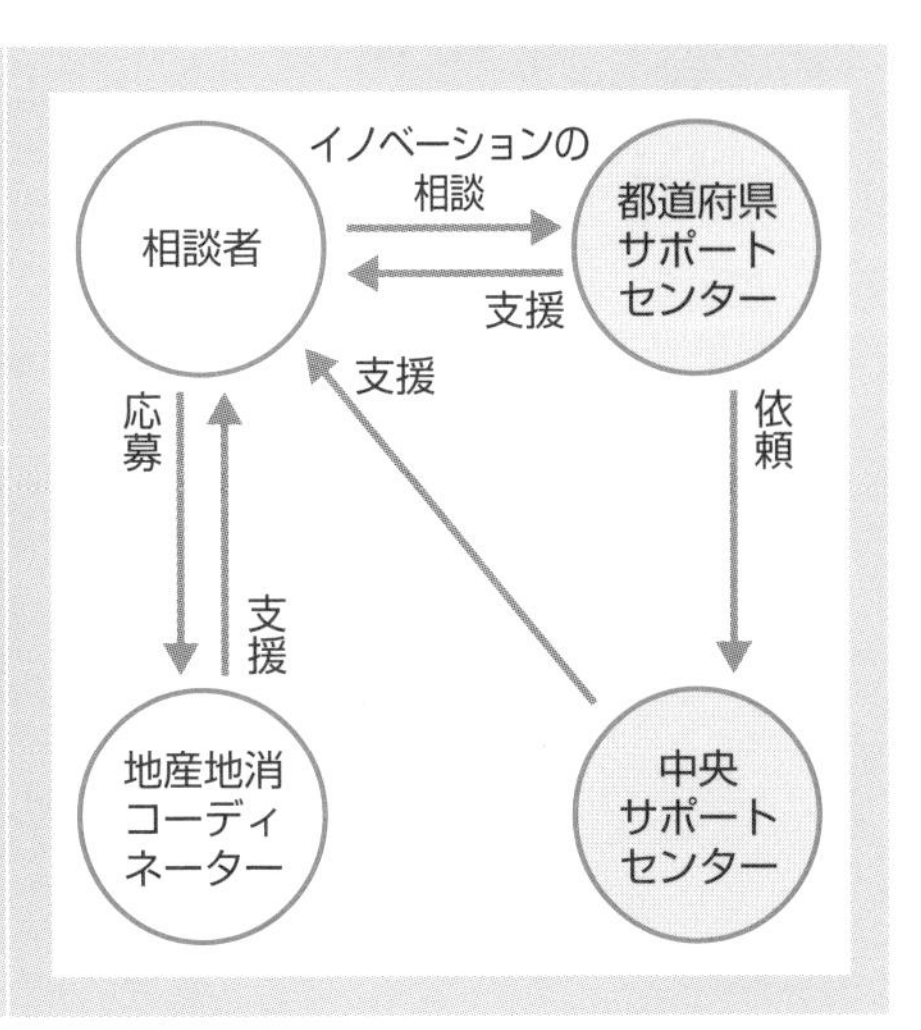

出典：農水省資料より

6 農商工連携の動向

かつての六次化認定に当たっては、農商工等連携事業計画の認定を受けたものも含まれており、農山漁村発イノベーションの事業においても同様です。農商工等連携は、農林漁業者と食品産業などの商工業者との連携による新事業の展開を支援するため、二〇〇八年に成立した農商工等連携促進法によるものです。

●新たな市場の創出と雇用の拡大

農商工等連携事業計画の認定では、二〇二三年一二月現在、東北経済産業局において一件、中部経済産業局において一件、合計二件の計画が認定されました。この法律は、農林水産省と経済産業省が協力して、農商工連携による新商品開発や販路の開拓などについて支援することにより、新たな市場を創出し、農林水産業・商工業の経営向上、地域の雇用と就業機会の拡大を実現しようというものです。千葉県では、農商工等連携事業の促進に当たり、中小企業基盤整備機構や千葉県からの貸付金を原資に、「ちば農商工連携事業支援基金」を造成し、新商品開発等助成事業を行っています。

●新規用途開拓を目指して

農商工等連携事業計画の認定件数が多かった都道府県は、北海道、愛知、岐阜、静岡、愛媛などで、事業内容では、「新規用途開拓による地域農林水産物の需要拡大、ブランド向上」が五割近くを占めていました。また、「新たな作目や品種の特徴を活かした需要拡大」、「規格外や低未利用品の有効活用」などの取り組みも多くありました。

近年は、ITなどの新しいテクノロジーとの連携による生産量の拡大や販路開拓の実現、観光とのタイアップ、いわゆるスマート農業の実現と農業DXに関わるものなど、農商工連携も多様な分野への広がりを見せています。

【近年の農商工連携】 農業×ICT企業など、ICT・AIを活用した企業や新しい販路開拓を進める企業との、次世代型の農商工連携が増えている。

●産業支援型整備事業と農商工連携

農山漁村発イノベーションと農商工連携とのつながりも引き続き行われています。とりわけ、前記した整備事業の中の産業支援型は、かつての食料産業・六次産業化交付金にある施設整備事業に当たるもので、助成内容と対象の中にも、農商工連携との関連が随所に出てきます。

助成内容については、「農林漁業者と地域の様々な事業者等がネットワークを形成し、そのネットワークを活用した新商品の開発や販路開拓に必要な機械または施設の整備に対し助成するもの」と明記されています。助成対象としては、総合化事業のほか、「農商工等連携事業計画の認定を受けた農林漁業者等または中小企業者」とあり、「農商工等連携促進法」に基づいて、農林漁業者と商工業者がお互いの技術やノウハウを持ち寄って、新しい商品やサービスの開発・提供、販路の拡大などに取り組む事業についての計画で、農林水産大臣または経済産業大臣の承認を受ける必要がある、としています。

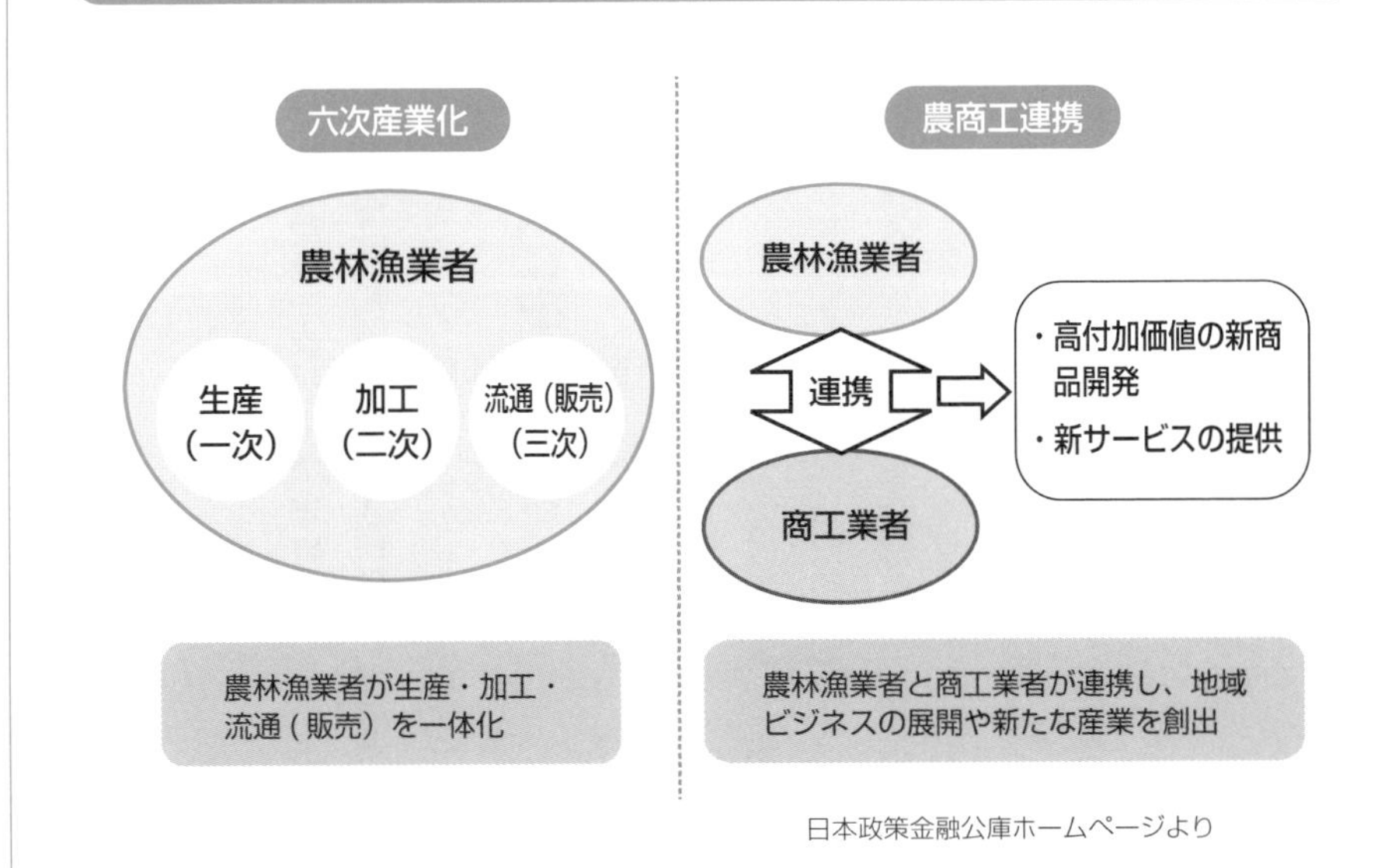

日本政策金融公庫ホームページより

7 農泊推進対策

農山漁村振興交付金の中では、農山漁村の活性化と所得向上を図るため、グリーンツーリズムによる交流人口の拡大や、ユニバーサルデザインによる多世代・多属性の交流促進も切り口とされ、農泊推進や農福連携などへの取り組みも期待されています。

●観光コンテンツとしての活用

農山漁村地域に宿泊し、滞在中に豊かな地域資源を活用した食事や体験等を楽しむ「**農泊**」は、グリーンツーリズムやマイクロツーリズムの人気も手伝い、全国で増加しています。

地域資源を観光コンテンツとして活用し、インバウンドを含む国内外の観光客を農山漁村に呼び込むことで、地域の所得向上と活性化を図る効果が期待されています。推進に当たっては、地域における実施体制の構築と観光コンテンツの磨き上げ、多言語対応やワーケーション対応などの利便性向上なども求められてきます。交付金では、滞在施設などの整備のほか専門家派遣などが支援の対象となります。

●交流人口の拡大

事業目標としては、都市と農山漁村の交流人口を二〇二五年までに一五四〇万人に増やすこととしています。支援対象としては農泊の推進体制構築や、観光関係者とも連携した観光コンテンツの開発、ワーケションにも対応するＷｉ‐Ｆｉ等の環境整備、新たな取り組みに必要な人材確保などになっています。

支援事業は大きく三つに分けられ、「農泊推進事業」のほかに「施設整備事業」「広域ネットワーク推進事業」などが対象となっていますが、それぞれに事業期間と交付金の上限額が異なります。

(1) 農泊推進事業

実施体制が構築された農泊地域を対象に、インバウンド受入環境の整備やワーケーション受入対応、地元食材・景観などを活用した高付加価値コンテンツ開発なども支援します。

(2) 施設整備事業

農泊を推進するために必要となる古民家などを活用した滞在施設、一棟貸し施設、体験・交流施設などの整備を支援します。

また、地域内で営まれている個別の宿泊施設の改修を支援します（農家民泊から農家民宿へ転換する場合は、促進費の活用が可能）。

(3) 広域ネットワーク推進事業

戦略的な国内外へのプロモーション、農泊を推進する上での課題を抱える地域への専門家派遣・指導、利用者のニーズなどの調査を行う取り組みなどを支援します。

農泊の延べ宿泊者数

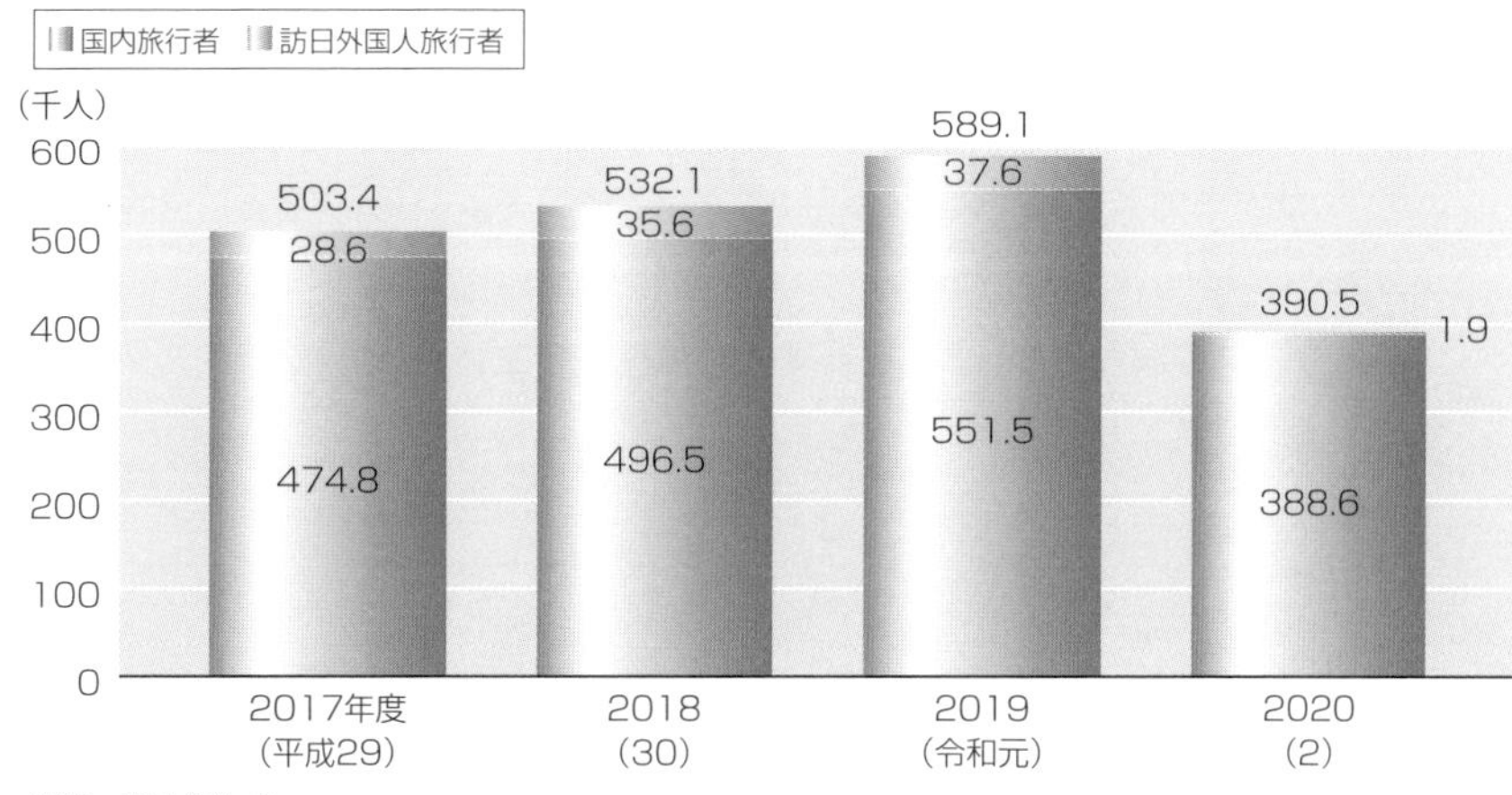

出典：農水省作成
注：2017（平成29）～2019（令和元）年度の数値は2019（令和元）年度までに採択した農泊地域が対象、2020（令和2）年度の数値は同年度までに採択した農泊地域554地域が対象

【長野県リゾートテレワーク推進事業】 長野県では「信州リゾートテレワーク推進チーム」を立ち上げ、地域の受け入れ環境の底上げを図っている。

農福連携推進

農福連携は、障害者等が農業分野で活躍することを通じ、自信や生きがいを持って社会参画を実現していく取り組みです。農福連携に取り組むことで、障害者などの就労や生きがいづくりの場を生み出すだけでなく、担い手不足や高齢化が進む農業分野において、新たな働き手の確保につながる可能性もあります。

農山漁村振興交付金の中では、農福連携のほか、林業や漁業との連携を図る林福連携・水福連携などを対象とし、障害者などの農林水産業に関する技術習得や、多世代・多属性が交流・参加するユニバーサル農園の開設、障害者等の作業に配慮した生産・加工・販売施設の整備、全国的な展開に向けた普及啓発、都道府県による専門人材育成の取り組みなどを支援します。

農水省のホームページには全国の農政局単位での事例紹介が掲載されています。耕作放棄地を再生したり、担い手がいない農家の農地を借り入れてぶどう園を作り、地域の人々や観光客向けに摘み取り体験を行っている事例、農産物や惣菜等を販売するスーパーマーケットがなくなったため、スーパーマーケットを引き継ぎ、地域活性に大きく貢献している事例などが紹介されています。

また、県の主導で中間支援団体にコーディネートを委託し、マッチングする流れが全国的に広がってきました。

農水省では事業目標として、農福連携に取り組む主体を2024年までに新たに3000件創出することを目指しています。

第10章

農村コミュニティの将来

中間地域や山間地域の農村の人口は以前から減少傾向にありましたが、平地地域の農村においても2000年代からは減少傾向となっています。今後とも、農村地域における人口減少の傾向は継続し、特に山間地域、次いで中間地域の減少度合いが大きいと予測されています。

2020年に閣議決定された「食料・農業・農村基本計画」では、農村の振興施策の推進のうち、中山間地域における活性化に重点を置いています。

中山間地域は、少子高齢化と人口減少が都市に先駆けて進行する一方で、「田園回帰」による人の流れが全国的な広がりを持ちながら継続している、と指摘しています。

このような最近の変化にも的確に対応しつつ、関係府省、都道府県・市町村、事業者が連携・協働し、「地域政策の総合化」を図るとしています。

1

新たな農村振興策

国では、「大都市から農村への人口分散を図ることは、人口減少の緩和や食料安全保障の確立、農業の多面的機能の発揮といった観点から重要である」として農村政策を大幅に見直し、「多様な人が農村に集い、農業を含めた様々な事業の営みを推進する」ことを目指しています。

●集落営農の現状

二〇二二年二月一日現在の集落営農数は一万四三三六で、前年に比べ一二六（〇・九％）減少しています。

法人と非法人の組織形態別に見ると、法人の集落営農数は五六九四で前年に比べ一三〇（二・三％）増加し、反対に非法人は八六七〇で前年に比べ二五六（二・九％）減少しています。集落営農数を全国農業地域別に見ると、東北が最も多く、次いで北陸、九州の順となっています。法人では北陸が最も多く、次いで東北、中国の順となっています。集落営農に占める法人の割合を見ると、北陸が五六・三％と最も高く、次いで中国、東海の順。非法人では東北が最も多く、次いで九州、近畿になっています。

●地域政策の総合化

二〇年に閣議決定された「食料・農業・農村基本計画」では、「しごと」「くらし」「活力」という農村政策の三つの柱を設定。農村、特に中山間地域においては、少子高齢化・人口減少が都市に先駆けて進行することから、中山間地域における複合経営の推進、および農村の地域資源と他分野を組み合わせた新たな事業や価値の創出を行う農山漁村発イノベーションの推進を図る、としています。また一方で、「**田園回帰***」による人の流れが全国的な広がりを持ちながら継続しているなど、農村の持つ価値や魅力が国内外で再評価されていることから、関係省庁と都道府県などが「地域政策の総合化」を図ることを掲げています。

＊**田園回帰**　2000年代後半以降、過疎地域において都市部からの人の移住・定住の動きが活発化している現象。都市住民の農山村志向を指して使われることが多い。

●「しごと」「くらし」と「活力」

「しごと」では、「地域資源を活用した所得と雇用機会の確保」として、「中山間地域等の特性を活かした複合経営などのような農業経営の推進」、「地域資源の発掘・磨き上げと他分野との組み合わせなどを通じた所得と雇用機会の増大」、「地域経済循環の拡大と多様な機能を有する都市農業の推進」を掲げています。

「くらし」では、「中山間地域等をはじめとする、農村に人が住み続けるための条件整備を図る必要がある」として、「地域コミュニティ機能の維持や強化と多面的機能の発揮の促進」、「情報通信環境の確保や地域内交通の確保・維持など生活インフラなどの確保」、「鳥獣被害対策などの推進」を掲げています。

「活力」では、「農村を支える新たな動きや活力の創出」として、「関係人口の拡大を含めて、地域を支える体制および人材づくり」、「農的暮らしなどの多様な農への関わりへの支援体制など農村の魅力の発信」、「多面的機能に関する国民の理解の促進」などを掲げています。

中山間地域の活性化と事業対応イメージ

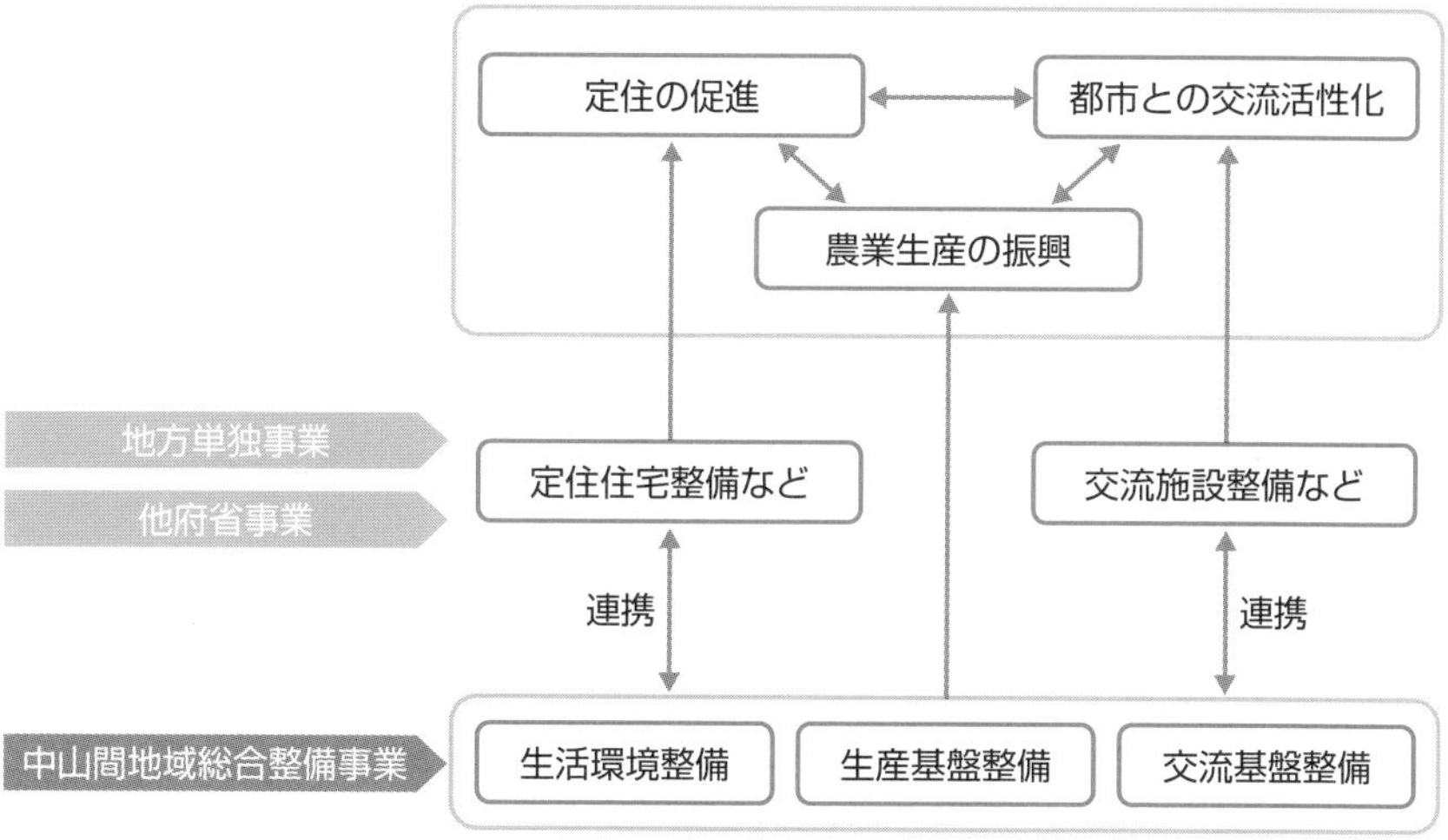

出典：「水土里ネット熊本」ホームページより

2 中山間地域の現状と課題

中山間地域とは、平野の外縁部から山間地を指します。山地の多い日本においては、国土面積の約七割、全耕地面積の四割、総農家数の四割を中山間地域が担っており、日本の農業の中で重要な位置を占めています。

●中山間地域の現状

中山間地域は流域の上流部に位置することから、水源のかん養機能、洪水の防止機能、生態系の保全機能、さらには多くの素晴らしい景観を創出しているなどの多面的機能を有しています。それらの機能は間接的に多くの国民の財産や豊かな暮らしを守っているといえます。

一方で、中山間地域は多くの課題も抱えています。様々な要因により地域の人々が流出することで集落共同体の維持が困難になっている問題。土地の所有者が域外に住んでいるために土地が空洞化する問題。これらは中山間地域の弱体化を加速しています。問題の解決に向けて種々の方法が示されています。

●「中山間地域等直接支払制度」

中山間地域に対して「**中山間地域等直接支払制度**」が整備されています。この制度は、農業の生産条件が不利な地域における農業生産活動を継続するため、国および地方自治体が支援を行うものです。「農業困難地に対する助成」と「地域活性化のための支援」という二つの目的を有しています。二〇〇〇年度から実施され、第一期対策（二〇〇〇〜〇四）、第二期対策（〇五〜〇九）、第三期対策（一〇〜一四）、第四期対策（一五〜一九）を経て、現在は高齢化に配慮した、一層取り組みやすい制度へと見直した上で、二〇二〇年度から第五期対策として新たなスタートを切りました。

＊**集落営農**　集落など地縁的にまとまりのある一定の地域の農家が、農業生産を共同で行う営農活動。遊休農地が増加している中、集落全体で話し合い、協力して集落営農組織をつくり、地域農業を維持・発展させることを目的としている。

●中山間地域の未来

中山間地域はもともと農業条件が厳しく、個別農家の規模拡大には限界があります。そのため、設備や労働力の面で皆が協力し合って集落単位の農業を展開する「**集落営農**＊」が最も合理的な方法だといえます。しかしながら、人材が域外に流出すればするほど集落機能が低下し、「集落営農」はより困難になります。したがって、中山間地域での農業活動を維持するには、担い手に対してだけではなく、集落を維持・構成する小規模農家への支援も重要になります。

他方で、一般的には様々な困難を抱えている中山間地域を積極的に評価する声もあります。中山間地域は、水や土や森林といった再生可能な資源を活かして生命を育んでいる「**生命地域**」とも呼ばれます。中山間地域の存在価値の見直し・再評価を行い、例えば地域がCO_2削減にどの程度寄与しているかを数値化・客観化することによって新たな支援を受けられたり、域外から環境維持料金を徴収できるようになる可能性まで言及しています。

迫られる農地・水・環境保全向上対策

農地・農業用水等の資源や農村環境は、主に農家を主体とする集落の共同作業によって維持保全が図られ、農業の多面的機能の発揮にも深く関わっています。しかし、過疎化、高齢化、混住化などの進行に伴う集落機能の低下により、その適切な保全管理が困難となってきており、ゆとりや安らぎといった国民の価値観の変化などを踏まえ、その保全管理を図るための対応が必要となっています。

これらの資源を基礎として営まれる農業生産活動については、環境問題に対する国民の関心が高まる中で、我が国の農業生産全体のあり方を環境保全を重視したものに転換していくことが求められています。そのため、国民共有の財産である農地・農業用水などの資源およびその上で営まれる営農活動を、一体として、国民の理解を得つつ、その質を高めながら将来にわたり保全していくための対策として、「農地・水・環境保全向上対策」を実施しています。

3 多面的機能支払交付金

「多面的機能支払交付金」事業は二〇〇七年に導入され、農地・水・環境の良好な状態での保存・向上を目的としていますが、二〇一五年四月一日より施行された「農業の有する多面的機能の発揮の促進に関する法律」に基づいて名称も変わり、安定的な制度となりました。

●共同活動への支援

農業者以外の組織を含めた活動組織を作り、地域で協議し計画を立てて実践活動を行うことで、支援を受けることができます。

活動計画に盛り込んだ目的であれば、農地の草刈りや水路の江ざらい、農道への砂利の補充といった基礎部分の活動にも、あるいは、景観形成目的での農道沿いへの花などの植え付け、生き物調査・外来生物駆除といった農村環境の保全活動にも、支援金を使うことができます。さらに、資材・機材の購入、日当や協力費、話し合いや啓発・普及に要する費用などにも使用できるなど、使途の自由性がかなり高く、自主的な事業の展開が期待できます。

●地域住民の参加

この制度は、地域共同で行う、多面的機能を支える活動や、地域資源（農地、水路、農道等）の質的向上を図る活動を支援するものです。農地・水・環境保全に対する取り組みでは、以前から農業者と組織化された地域住民の参加が要件となっており、主体の多様性が求められています。まとまりを創るということが、営農活動への支援の前提となります。

二〇二二年度の**多面的機能支払交付金**の事業目標では、「農地・農業用水等の保全管理に係る地域の共同活動への多様な人材の参画率の向上」として二〇二五年度までに五割以上、「広域的に保全管理される農地面積の割合の向上」では六割以上を求めています。

【農業の多面的機能】「食」だけでなく、国土の保全、水源のかん養、自然環境の保全、良好な景観の形成、文化の伝承、さらに近年は地球温暖化への対応や有機物の分解促進など、様々な働きを持っている。

●農地維持支払と資源向上支払

現在の交付要件としては、「農地維持支払」と「資源向上支払」があります。前者は、地域資源の基礎的保全活動等の多面的機能を支える共同活動を支援するものになっており、例えば農地法面（のりめん）（斜面）の草刈りや水路の泥上げ、農道の路面維持などがあります。また、農村の構造変化に対応した体制の拡充・強化、地域資源の保全管理に関する構想の策定なども対象になります。

資源向上支払は、水路、農道、ため池の軽微な補修、景観形成や生態系保全などの農村環境保全活動や、老朽化が進む水路、農道などの長寿命化のための補修などが対象ります。

加算措置もあり、例えば「多面的機能の増進を図る活動の取り組み数を新たに一つ以上増加させた場合の加算」、「支援を受けた上で、構成員のうち非農業者等が四割以上を占め、かつ実践活動に構成員の八割（役員に女性が二名以上参画の場合は六割）以上が毎年参加する場合の加算」などがあります。

農村 RMO*

本文で述べてきたような、地域共同で行う多面的機能を支える活動や、地域資源（農地、水路、農道等）の質的向上を図る活動を支援。複数の集落の機能を補完して、農用地保全活動や農業を核とした経済活動と併せて、生活支援等地域コミュニティの維持に資する取り組みを行う組織のことで、正しくは農村型地域運営組織と呼んでいます。

具体的な取り組みとしては、「農用地の保全」「地域資源の活用」「生活支援」の3つの事業が挙げられています。

＊ RMO　Region Management Organizationの略。

4 グリーンツーリズムの展開

「グリーンツーリズム」とは、緑豊かな農村地域にゆっくりと滞在し、地域の人々との交流を通じて、その自然・文化・生活・人々の魅力に触れながら様々な体験を楽しむ余暇活動のこと。旅行の〝新たなカタチ〟として浸透してきていると共に、農村地域に新たな経済効果をもたらします。

●グリーンツーリズムとは

「グリーンツーリズム」（以下「GT」とも）は、農水省の基幹事業の一つであり、全国の都道府県の観光政策としても着実に成果を上げてきています。長期のバカンスがある欧州諸国で普及した行楽の形の一つですが、日本においては体験型観光の〝新たなカタチ〟として関心が高まっています。

農村に滞在し、その土地の生活を体験することは、旧来の旅のカタチとは一線を画するものであり、旅行者に深い感動をもたらすと同時に、農村地域を活性化します。旅行形態は消費活動型（味わう・買う）と体験的活動型（泊まる・楽しむ・つくる）に大別されます。

●消費型GT（味わう・買う）

〝味わう〟といえば「農家レストラン」。その地域で生産された食材を使った料理を提供する地産地消型の飲食店です。その地域ならではの、その季節の旬の食材を使って郷土料理などを提供しています。また、古民家をリフォームした建物での営業も、旅行者を惹（ひ）き付けるものになっています。

〝買う〟といえば「農林水産物直売所」。地域で生産した農産物を、生産者等が中心となって地域内外の消費者に販売する施設です。価格がリーズナブルなことに加え、生産者の顔が見える丹精込めた作物の豊富な品揃えは、利用者から好評を博しています。

【グリーンツーリズムの始まり】 日本では、1994（平成6）年に、グリーンツーリズムの振興を支援する法律「農山漁村余暇法」が制定され、農家民宿の登録や基盤整備、体験・交流プログラムの作成などが始まっている。

●体験型GT（泊まる・楽しむ・つくる）

〝泊まる〟といえば「農家民宿」。農家が経営する民宿で、利用者がGTに求めるモノを意識的に設置し、リノベーションされた古民家を舞台に営業を行います。農家が生産した食材を使った料理、さらには農家生活をダイレクトに経験することが可能です。農村での非日常的で癒やされる時間を満喫し、地元農村住民と交流したり地域の行事に触れるなど様々な体験ができます。

〝楽しむ〟といえば「農業体験」。田植えや稲刈り、野菜の収穫、酪農作業、山菜狩りなどの農業体験。バターやソーセージづくり、そば打ち体験などの農業周辺体験。薪（まき）割りや炭焼きなどの農地生活体験……といったものをレジャー的に味わうことができます。

〝つくる〟といえば「市民農園」。農業初心者層に対して、開設者による農作物の栽培指導や栽培マニュアルの提供などの協力体制が整っている点も魅力の一つです。

グリーンツーリズムの概念

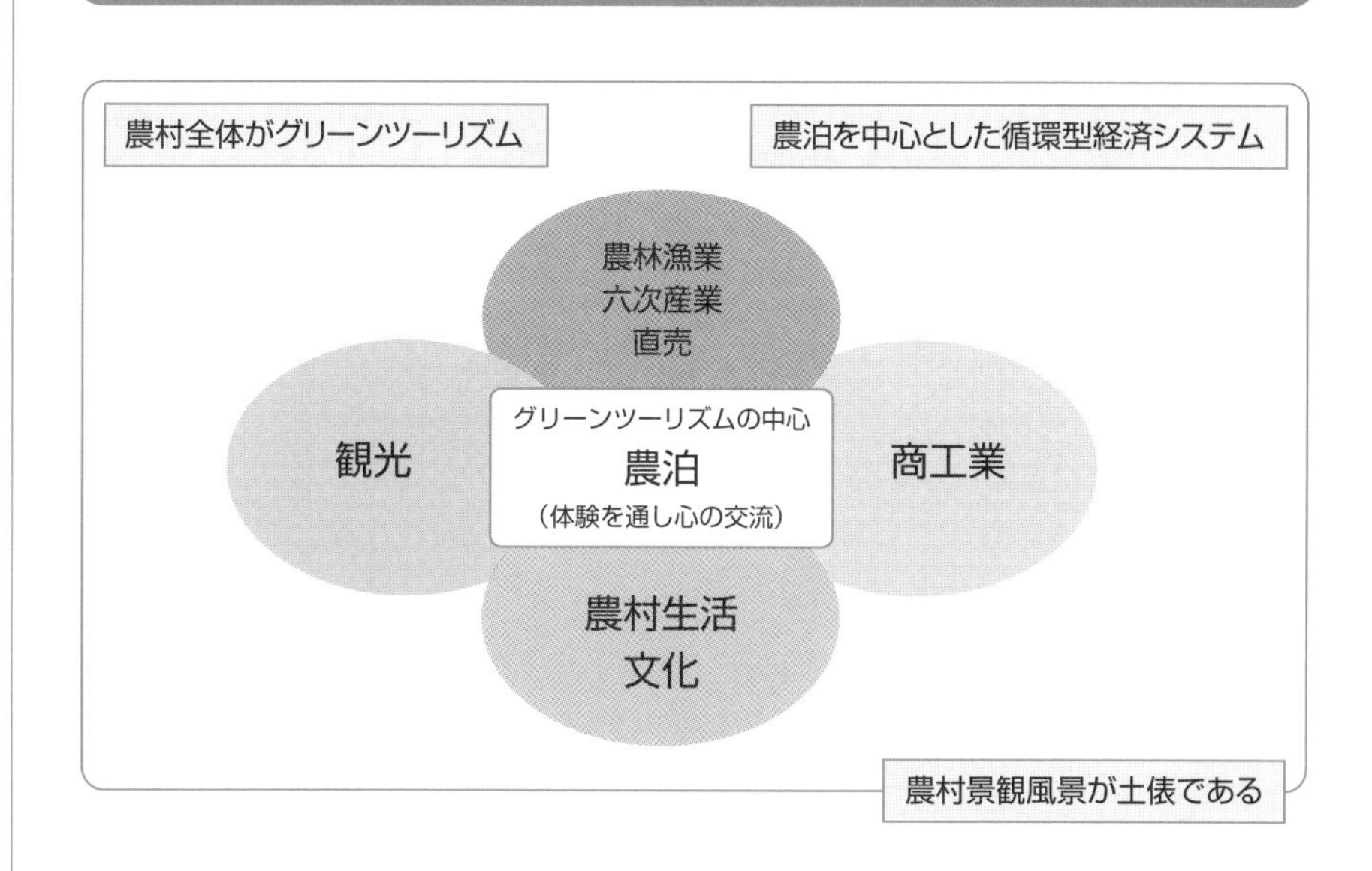

＊埼玉で始める農ある暮らし（滑川町のページ）　https://www.pref.saitama.lg.jp/nouarukurashi/step/info/namegawa.html

5 都市と農村の交流事業

「都市と農村の交流推進事業」も重点政策の一つとして、国では多種多様な制度を設けています。「人・もの・情報」の行き来を活発にすることにより、都市と農村のそれぞれに住む人々が、お互いに相手の土地の魅力を体験し、理解を深めることを目的としています。

●廃校を活用した農村体験

近年、廃校となった施設を日帰り型体験施設や宿泊施設にして、「都市と農村の交流」の場として有効活用する取り組みがなされています。

「かつての活気を取り戻したい」という地元の住民グループの願い。「農村の学校という牧歌的で郷愁心を刺激する場所で非日常を体験したい」という都市部の人たちのニーズ。このような両者による情緒的側面からの需要と供給の合致により、成功例が多く報告され、これからも成長する分野だと考えられています。

廃校舎の活用に当たり、「地元の合意形成」「施設整備の財源確保」「廃校の耐震性対策」など、クリアしなければならない課題もあります。

●子どもの農業体験を増やす取り組み

子どもたちに農作業を体験させる試みとして、農水省・文科省・総務省が連携した「**子ども農山漁村交流プロジェクト***」があります。農山漁村での宿泊体験活動を通して、子どもたちの学ぶ意欲や自立心、思いやりの心、規範意識などを育むことを目的としています。二〇一二（平成二四）年までに一四一の受入地域で延べ一二万人の小学生がプロジェクトに参加しました。農水省によれば、参加した子どもには「人間関係」「自立心」「規範意識」などの面で高い教育効果が見られたとのこと。受入先の農家にも経済的にメリットがある事業です。七割以上の農家が「経済効果があった」と回答しています。

＊**子ども農山漁村交流プロジェクト**　コロナ禍前の2008（平成20）年度から総務省・文部科学省・農林水産省が連携して取り組んだ、農山漁村でのふるさと生活体験活動。その後、内閣官房・環境省も参画し、農山漁村体験プロジェクトが推進されてきた。

●クラインガルテン（滞在型市民農園）

クラインガルテンとは、ドイツ語で「小さな庭」を意味する市民農園のこと。ドイツにおいて一九世紀初めに誕生しました。農地内に休憩施設やクラブハウスが併設されているのが一般的です。日本でも一九八九（平成元）年に「特定農地貸付法」、一九九〇（平成二）年に「市民農園整備促進法」が制定され、貸し付けによる市民農園の開設や滞在施設を備えた農園の整備が進められました。一九九三年に長野・兵庫で国内初の市民農園が誕生し、現在では全国七〇カ所以上の滞在型市民農園が開設されています。ほとんどの施設は年間の使用料が約三〇万〜五〇万円程度です。

滞在型市民農園の特徴は、交流の形態が「二地域居住型」、つまり一時滞在型でも定住型でもなく両者の折衷型だということです。都市住民が都市での生活を維持しながら農村地域にも生活拠点を持ち、一方の拠点にある程度の期間滞在してはもう一方の拠点へ移る、ということを繰り返します。農村滞在中の農業生産、交流、消費活動は農村地域の活性化に寄与します。

クラインガルテン妙高*

＊クラインガルテン妙高　https://myoko-gt.com/kleingarten/

6

農村活性化のニュービジネス

国が農業を切り口として地域活性化を図るための施策を行っている一方、民間でも農村資源に着目したニュービジネスが数多く展開されています。農業そのものへの参入のほか、企業と農村地域の再結合を意図したものなどがあります。

●企業と農村地域の再結合

高度経済成長以降の経済発展の流れの中で、農村地域と都市部の関係性は非常に希薄なものになっていきました。しかし、企業の中にも農業への参入と共に農村地域の魅力を再認識し、経済的合理性を有した進出を行うところが出てきています。そこには、農村資源および企業の農村地域に対するニーズについての精緻な分析が存在しました。

農村資源には「場所」「モノ（農産物、加工品）」「住民」「無形資産」の四つがあります。それに対して、企業の農村地域に対するニーズは「CSR*」「社員教育・福利厚生」「原料調達」「新規事業」の四つが考えられます。

●CSR・福利厚生の結合

農村資源の「場所」と企業ニーズの「CSR・福利厚生」が結合した例があります。社員を農村に派遣し、耕作放棄地を開墾して棚田（たなだ）（傾斜地の階段状の田）に戻す活動をしている会社では、耕作放棄地の再生が企業のCSRを果たすことになるだけでなく、田んぼの中で泥だらけになりながらの田植えの共体験は社員たちに対する福利厚生の意味合いも有します。

農村資源の「モノ」と企業ニーズの「原料調達・新規事業」が結合した例もあります。不動産管理を主な事業としている会社が耕作放棄地を開墾し、見事な棚田に再生して米を収穫。地元の酒蔵と提携して日本酒の製造・販売事業を展開し、好評を博しています。

＊**CSR**　企業の社会的責任。Corporate Social Responsibilityの略。企業が倫理的観点から事業活動を通じて、自主的に社会に貢献する責任のこと。

●ニュービジネスの将来

企業活動が農村地域まで拡大している背景には、個人の農村地域へのニーズの明確化があります。農村に対する個人のニーズには「食（食の安全）」「農業・自然体験」「田舎暮らし」「癒やし」「文化・アート・交流」などがあるといわれています。こういった、個人の情緒的・自然的な農村地域へのニーズの盛り上がりは、もはや確立されたものといえるでしょう。

農村地域の資源と、企業・個人の農村地域へのニーズ——この両者の要素を戦略的に分析し、上手く組み合わせることができれば、様々なカタチの事業が産み出される可能性があります。資源とニーズを有機的に結合させ、事業として成功させるには、適切な人材の確保が鍵になります。農村の実情と都市部の需要の両方を理解し、つなげることのできる人材が必要であり、その育成が課題となります。とはいえ、汗をかくことをいとわず結合の創造性を持ってさえいれば、既存のリソースを再利用するだけで新たな事業が展開できるわけで、非常に魅力的な分野だといえます。

サテライトオフィス*

徳島県神山町では、高齢化と転出者の増加により過疎化が進行していましたが、NPO法人グリーンバレーが取り組む、起業家や芸術家に向けた空き店舗の情報提供や移住支援等の活動により、転入者の増加と地域の活性化が実現しています。

古民家の蔵を再生してサテライトオフィスとし、1999（平成11）年から国内外の芸術家を同町に招へいして制作活動を支援するプロジェクト等を実施してきました。この取り組みにより、同町を訪れる芸術家や移住を希望する芸術家等が増加しています。

＊サテライトオフィス　https://www.tokushima-workingstyles.com/project/

7 都市農業の振興

「都市農業の持つ多面的な役割を永続的なものに!」という標語のもと、都市農業の安定的な継続および都市農業の有する多様な機能の十分な発揮を図り、もって良好な都市環境を形成するため、「都市農業振興基本法」が二〇一五年に施行されました。

●都市農業とは

都市農業は、都市農業振興基本法第二条では「市街地およびその周辺の地域において行われる農業」と規定されています。「消費地に近いという利点を活かして新鮮な農産物を供給する」といった生産面での重要な役割のみならず、「身近な農業体験の場の提供」、「災害に備えたオープンスペースの確保」、「都市での生活に潤いや安らぎをもたらす緑地空間の提供」など、多面的な役割を果たしています。

また、都市農業には、景観創出、交流創出、食育・教育、地産地消、環境保全、防災の六つの機能があるとされ、都市農業振興基本法でも、振興に当たっての多面的な取り組みの必要性に触れています。

●農地の防災機能

防災機能についてですが、農地は防災用地としての役割も担います。災害時に食糧や水を提供するほか、火災の延焼を防いだり、豪雨時の水害を緩和したりします。さらには、避難場所や仮設住宅用地といったオープンスペースとしての役割も果たします。

一九九五年の阪神・淡路大震災以来、都市農地の多面的な機能が再認識されるようになりました。農家所有の農地について、地方自治体が農家等と「災害発生時の避難空間や仮設住宅建設用地等として利用する」内容の協定を自主的に締結するケースも増え、現在、三大都市圏特定市において防災協力農地等に取り組んでいる市区は七都府県六一自治体に及びます。

【近年の都市農業の振興】 JAグループでは、都市農業は「農業・農村に触れる機会が少ない都市住民に農業理解を促進するPR拠点としてのポテンシャルを有している」として、農業やJAへの理解を深めてもらうため、農業振興の応援団づくりを進めている。

●都市の住民と農業

　都市農業の機能の中には景観創出と交流創出も含まれますが、大都市においては住民と農業者との間で、騒音や悪臭、農薬散布の問題などでトラブルになっているケースも報告されています。

　また、都市計画区域内での農地の取り扱いについても、開発区域と農業区域の線引きや、市街化区域と市街化調整区域との線引きなどの問題も残されています。

　都市化が進んで住宅に取り囲まれるようになった都市農地では、土ぼこりや堆肥の臭いなどが問題化して経営がしにくくなった状況も報告されています。その一方、周辺住民が市民農園などで農作業を経験することで、農業への理解が進み苦情が減った、というケースもあります。住宅地に近接する農園では、野菜などの直売コーナーを作り、野菜と一緒にパンなどの加工品も販売して好評を得ているケースや、直売コーナーに喫茶コーナーを併設し、都市の生活様式にマッチした農園経営を行っているケースもあります。

防災協力農地

　農家が所有する農地について、農家または農家の同意を得たJAが、地方自治体との間で「災害が発生したとき、その農地を防災空間、仮設住宅建設用地等として利用する」という内容の協定を自主的に締結する取り組みです。

　東日本大震災では、仮設住宅の用地が足りなくなるなどの事態が起こりました。それをきっかけに、多くのJAで災害時に自治体と協力する体制が確立されています。

　協定の主な内容は、「避難場所や仮設住宅用地、災害対策資材置場としての農地の活用」、「JA組合員の生産する農産物の供給」などです。具体的な内容は各自治体によって様々であり、それぞれの地域の事情に合った内容の協定が結ばれています。

ワーケーションと移住体験ツアー

ワーケーション（Workcation）は、観光庁が提唱する「ワーク（Work）＝仕事」と「バケーション（Vacation）＝休暇」を組み合わせた造語で、観光地やリゾート地など、ふだんのオフィスとは離れた場所で休暇を楽しみながら働く、新しいライフ・ワーク・スタイルのことです。

ワーケーションには「休暇型」と「業務型」に大別することが出来て、休暇型は、休暇が主目的の福利厚生事業の一環として取り入れられるケースが多く、有給休暇を組み合わせ、リゾート地や観光地などに長期滞在してテレワークを行う、といった働き方になります。

一方、業務型は、業務主体のワーケーションのことで、地域課題解決型や合宿型、サテライトオフィス型に分けられています。

さらに、ビジネス（Business）＝仕事とレジャー（Leisure）＝余暇を組み合わせたものとして、「ブレジャー」と呼ばれるスタイルも出てきました。

移住することを前提にしたものが、「移住体験ツアー」と呼ばれるもので、地域によって企画内容や期間、宿泊形態などは異なりますが、大きく分けて、「暮らし体感型」と「就業体験型」「事業継承型」「子どもの教育型」「運営スタッフ募集型」などがあります。

農泊など、農村コミュニティとの関連で見れば、ワーケーションやブレジャーよりも、移住体験ツアーの方が、より現実的に生活のことや新規就農のことなどを考えることが出来ることから、地方自治体においても、積極的な取り組みが多くなっています。

農業の体験ツアーは
全国各地で実施
されています。

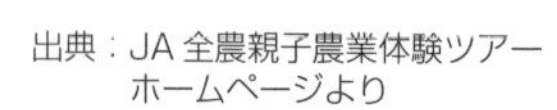
出典：JA全農親子農業体験ツアー
ホームページより

むすびに

日本国内の農産物市場は、「人口減少」と「高齢化や食生活の変化による国民一人当たりの農産物消費量の減少」などのため今後とも長期的に縮小傾向が続くと見込まれる上に、農産物の輸出入自由化などによる農産物価格の下落も懸念されます。

スマート農業への取り組みや農業DXなどを検討する際は、多角的な視点で日本の農業の将来について考えなければなりません。具体的には、農業現場における課題の解決や、生産された物の加工および流通・販売における一連の動き、そして経営体や法人などの組織体としての取り組み、あるいは農村コミュニティの維持存続などの視点での考察になります。

これまで各章で解説してきたように、現在の農業現場では「人手不足」や「新規就労者の減少」が問題になっていますが、「農業従事者の過重労働と環境の問題」に起因する場合が多々あります。「働き方改革」と「労働に見合う所得水準」の達成など多様な課題が山積する中で、スマート農業への展開も年を追うことに期待が高まっています。

本書で紹介したスマート農業とかアグリテック、DXなどを進めるためには、それらを単なる機械のコンピューター化とかICT化だと捉えるのではなく、その手前にある、農業が本来的に取り組んできたアナログ的な思考と働き方の改革が重要になってくるのです。デジタル化すればするほど、アナログ回帰します。農業がスマート化されるに従って、時間的な余力が生まれ、その余力を別の働き方や新しい生産・加工方法の創出など、もっと創造的なことに費やすことが大切になります。

これからの農業の取り組みを考えるに当たっては、農業者個人として、農業現場における生産工程や出荷後の流通過程での合理化とか効率化、あるいはマーケティングや代金決済といった後方処理での業務など、一連の農家経営という視点を忘れてはならないと思うのです。

また、農業法人や生産組合、農協など組織に属したときの、組織とその一員としての位置付けにあっても、農業改革について常に意識していかなければなりません。

●Farming as a Serviceへの変革

農水省では、二〇二〇年三月三一日に閣議決定した『食料・農業・農村基本計画』の中で、「データ駆動型の農業経営により消費者ニーズに的確に対応した価値を創造・提供する農業（ＦａａＳ＝Farming as a Service）への変革を進めるため」としてスマート農業と農業ＤＸの意義・目的、基本的方向性と取り組むべきプロジェクトなどを示し、二〇二一年に『農業ＤＸ構想』として発表しました。農業ＤＸの意義と目的について、この構想では「農業者の高齢化や労働力不足が進む中、デジタル技術を活用して効率の高い営農を実行しつつ、消費者ニーズをデータで捉え、消費者が価値を実感できる形で農産物・食品を提供していく農業（ＦａａＳ）への変革」だと定めています。

そもそも、農業本来の役割は食料を安定的に供給することです。その役割は普遍的であり、時代の変化によって変わるものではありません。しかしながらその一方、消費者主権ともいわれる現代の経済社会の体制の中で、農業がその役割を果たしていくためには、新技術の導入による省力化とコスト管理の徹底、消費者に評価される商品価値を生み出し提供していく姿勢が強く求められます。単に農産物という「モノ」を作り出すのではなく、消費者が求める「価値」を売ることが、現代における農業のあるべき姿だと指摘されています。本書が、これからの農業のあるべき姿を考えている方や、新規に農業への取り組みを検討している方への参考となれば、著者としてこの上ない喜びです。

二〇二三年

中村恵二

農業関係団体一覧（行政・関連団体・業界団体・JAグループなど）

●行政等

農林水産省 https://www.maff.go.jp/
北海道農政事務所 https://www.maff.go.jp/hokkaido/
東北農政局 https://www.maff.go.jp/tohoku/
関東農政局 https://www.maff.go.jp/kanto/
北陸農政局 https://www.maff.go.jp/hokuriku/
東海農政局 https://www.maff.go.jp/tokai/
近畿農政局 https://www.maff.go.jp/kinki/
中国四国農政局 https://www.maff.go.jp/chushi/
九州農政局 https://www.maff.go.jp/kyusyu/
独立行政法人 農林水産消費安全技術センター http://www.famic.go.jp/
独立行政法人 農畜産業振興機構 https://www.alic.go.jp/
国立研究開発法人 農業・食品産業技術総合研究機構 https://www.naro.go.jp/
・種苗管理センター https://www.naro.go.jp/laboratory/ncss/
・中日本農業研究センター https://www.naro.go.jp/laboratory/carc/
・作物研究部門 https://www.naro.go.jp/laboratory/nics/
・野菜花き研究部門 https://www.naro.go.jp/laboratory/nivfs/
・果樹茶業研究部門 https://www.naro.go.jp/laboratory/nifts/
・畜産研究部門 https://www.naro.go.jp/laboratory/nilgs/
・動物衛生研究部門 https://www.naro.go.jp/laboratory/niah/
・農村工学研究部門 https://www.naro.go.jp/laboratory/nire/
・食品研究部門 https://www.naro.go.jp/laboratory/nfri/
・北海道農業研究センター https://www.naro.go.jp/laboratory/harc/
・東北農業研究センター https://www.naro.go.jp/laboratory/tarc/
・西日本農業研究センター https://www.naro.go.jp/laboratory/warc/
・九州沖縄農業研究センター https://www.naro.go.jp/laboratory/karc/
・生物系特定産業技術研究支援センター https://www.naro.go.jp/laboratory/brain/
・農業環境研究部門 https://www.naro.go.jp/laboratory/niaes/
独立行政法人 家畜改良センター http://www.nlbc.go.jp/
国立研究開発法人 国際農林水産業研究センター https://www.jircas.go.jp/
独立行政法人 国際協力機構 https://www.jica.go.jp/
独立行政法人 水資源機構 https://www.water.go.jp/honsya/honsya/
農林水産技術会議事務局 https://www.affrc.maff.go.jp/
日本政策金融公庫 https://www.jfc.go.jp/

●農業関連団体等

一般社団法人 農協流通研究所 https://www.nrk.or.jp/
特定非営利活動法人 青果物健康推進協会 https://www.vf7.jp/
公益社団法人 米穀安定供給確保支援機構 https://www.komenet.jp/
公益社団法人 中央畜産会 https://jlia.lin.gr.jp/
一般社団法人 中央酪農会議 https://www.dairy.co.jp/
公益社団法人 全国食肉学校 http://www.fma.ac.jp/
一般社団法人 酪農ヘルパー全国協会 http://d-helper.lin.gr.jp/

一般社団法人 食品需給研究センター	http://www.fmric.or.jp/
一般社団法人 全国農業改良普及支援協会	https://www.jadea.org/
公益社団法人 日本農業法人協会	https://hojin.or.jp/
一般社団法人 日本農業機械工業会	http://www.jfmma.or.jp/
一般社団法人 日本農業機械化協会	https://nitinoki.or.jp/
全国農業機械商業協同組合連合会	https://www.zennouki.org/
農薬工業会	https://www.jcpa.or.jp/
一般社団法人 日本花き生産協会（JFGA）	https://www.jfga.or.jp/
一般社団法人 日本種苗協会	https://www.jasta.or.jp/
協同組合日本飼料工業会	http://www.jafma.or.jp/
一般社団法人 農山漁村文化協会	https://www.ruralnet.or.jp/
一般財団法人 農林統計協会	http://www.aafs.or.jp/
一般財団法人 都市農山漁村交流活性化機構	https://www.kouryu.or.jp/
公益財団法人 農林水産長期金融協会	http://www.nokinkyo.or.jp/
畜産情報ネットワーク	http://www.lin.gr.jp/
全国新規就農相談センター	https://www.be-farmer.jp/
一般社団法人 農業食料工学会	http://www.j-sam.org/
認定NPO法人 ふるさと回帰支援センター	https://www.furusatokaiki.net/
国際連合食糧農業機関（FAO）	https://www.fao.org/japan/en/
農業協同組合新聞	https://www.jacom.or.jp/
アグリビジネス投資育成株式会社	https://www.agri-invest.co.jp/
JA三井リース株式会社	https://www.jamitsuilease.co.jp/
全国農協青年組織協議会	https://www.ja-youth.jp/
JA全国女性組織協議会	https://women.ja-group.jp/
日本園芸農業協同組合連合会	http://www.nichienren.or.jp/
一般社団法人 全国配合飼料供給安定基金	http://www.esakikin.or.jp/
株式会社ＪＡ設計	http://www.jaarc.co.jp/
全国新聞情報農業協同組合連合会	http://ja-shimbunren.ne.jp/
株式会社日本農業新聞	https://www.agrinews.co.jp/
一般社団法人 全国農協観光協会	https://www.znk.or.jp/
日本畜産物輸出促進協議会	http://jlec-pr.jp/ja/

● JAグループ

JA全中	https://www.zenchu-ja.or.jp/
JA全農	https://www.zennoh.or.jp/
JA共済	https://www.ja-kyosai.or.jp/
JAバンク	https://www.jabank.org/
農林中央金庫	https://www.nochubank.or.jp/
株式会社農協観光	https://ntour.jp/

索引
INDEX

あ行

か行

た行

さ行

な行

ま行

や行

ら行

は行

わ行

アルファベット

索引

著者略歴

中村 恵二（なかむら　けいじ）

1954年山形県生まれ。法政大学経済学部卒。ライターとして、また業界アナリストとして、これまで多数の業界解説本を執筆。『図解入門業界研究　最新旅行業界の動向とカラクリがよ〜くわかる本』（秀和システム刊）をはじめ、同シリーズの「ホテル業界」「映画産業」「保険業界」「食品業界」「外食産業」など。さらに、「改革・改善のための戦略デザイン」シリーズ（秀和システム刊）として、「農業DX」「病院DX」を執筆。紙と電子本の編集プロダクション「ライティング工房」を主宰。

図解入門業界研究
最新農業の動向としくみがよ〜くわかる本［第2版］

発行日　2023年 4月 1日　第1版第1刷
　　　　2024年 7月11日　第1版第3刷

著　者　中村　恵二

発行者　斉藤　和邦
発行所　株式会社　秀和システム
〒135-0016
東京都江東区東陽2-4-2　新宮ビル2F
Tel 03-6264-3105（販売）Fax 03-6264-3094
印刷所　三松堂印刷株式会社　Printed in Japan

ISBN978-4-7980-6942-5 C0033

定価はカバーに表示してあります。

乱丁本・落丁本はお取りかえいたします。

本書に関するご質問については、ご質問の内容と住所、氏名、電話番号を明記のうえ、当社編集部宛FAXまたは書面にてお送りください。お電話によるご質問は受け付けておりませんのであらかじめご了承ください。